U0286524

卷首
Prelu

空间・表

Space・Performanc

理论・视

Theory・Vie

教育・研

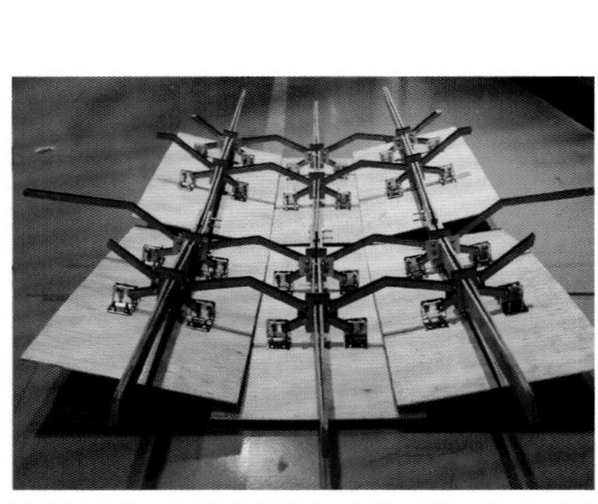

Education・Researc

场所・地域

Place・Locali

刂作・实验

reation・Experiment

录色・技术

reen・ Technology

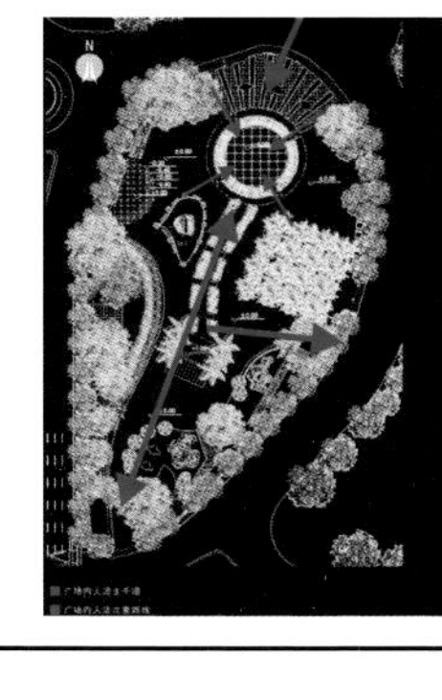

跨界・交流

ross-Border・Across

城市・文化

ity・Culture

“节点”与“符号”的启示
——畅游在斯卡帕草图的微观向度中

鞠黎舟　　上海大学美术学院

The Inspiration of “Detail” and “Symbol”
—Exploring in the Micro-dimension of the Scarpa' Sketch

Ju Lizhou　　College of Fine Arts, Shanghai University

图 1　斯卡帕的经典草图之一（布里昂家族墓园）
图 2　布里昂家族墓园设计草图（红框部分示意为不同的推敲部位）
图 3　草图中的“双喜”图案，其设计俨然成为墓园设计中一个富有意义的节点

不同于“宏观”向度草图的普遍性，“微观”向度是一种草图策略的局部性体现。
斯卡帕的草图便是“微观向度”的经典写照，他善于捕捉微观元素，从一个极小的切入点推广到整个建筑的设计思考中。
其中最为鲜明的切入点，是对“节点”的重视与对“符号”的掌控。

、斯卡帕的微观草图

“微观向度”是一种草图策略的局部性体现，这类图可以从一个很小的切入点推广到整个建筑的设计思考，或者有的像斯卡帕那样“并不来自于总体构思”[①]，而从一开始就注重从建筑的局部，或者节点入手。通常来，采用这样做法的建筑师比较少，如同一幅山水长卷画局部景象的精雕细琢开始刻画，需要有十分强大的掌控力。斯卡帕就是这样一位与众不同的建筑大师。

斯卡帕的建筑数量不多，分布得也不广，但其绘制的图也许是同时代建筑师中最多的，至今有超过 18000 张图被有关的研究机构保存。“我想要看到东西，那才是真正信任的。我想要看，这也是我画的原因，只有我画了，才能看到。”[②]笛卡儿式的“我思故我在”在其草图中绎成了“我视故我画”。他的草图给后人留下了弥足珍的研究资料。

仔细观看斯卡帕的草图便可直观地体会到——草图图饱满，色彩丰富，信息量极大，似乎每根线条都体现出功能，特别是技术问题的不懈思考，其表达更像是来自“工匠”笔下的精雕细琢，而非急风暴雨似的印象表现。正如布洛诺·扎维所言“斯卡帕是在用镊子建房子，而不是在建造它”，其草图几乎都是细部的刻画，并由此扩展到建筑局部的形态，我们几乎很少看到完整的建筑表达，取而代之呈现在我们面前的是无数细部和节点的呈现。

据其学生朱塞佩·萨博尼尼回忆：“从布里昂家族墓园开始，斯卡帕就开始发展一种更为抽象的态度，一种近乎建筑沉思般更重内心思考的成熟(a maturation of more internalized facts)。从这时开始，斯卡帕的每个方案都成了他一个人的方案，通过提出具有挑战性的难题，他成为唯一能回答那些问题的人。”[③]这是一个完全个人化的作品，他自己抛出问题又自己解决问题，有人说“经典，就是出自于不必要的坚持”。下文中笔者将围绕其代表作——布里昂家族墓园的草图（图 1）创作引导出建筑师两大独具一格的草图特征——“节点”与“符号”。

二、节点的推敲与呈现

节点是建筑师建筑诗意与哲学的集中体现，路易斯·康（Louis Kahn）认为，“节点是装饰的源头”。显然斯卡帕接受了这一观点，并继而将节点当作对过去古典装饰的伟大教示的回应。“节点先行于建筑整体？”这是许多学者们集中研究的问题，也是最具争议的问题。布鲁诺·赛维认为斯卡帕的反常规，并不开始于总体构思，而是集中精力设计结构与节点，继而“从一开始他便注意每个节点的创意，确信在与它们对话、交织的过程中会迸发出整体灵感。”[④]笔者无法断定这个推论的对错，但至少可以判断出斯卡帕在最初就选择着手节点的创作与构思，这可以从这张草图中得到印证。同一张草图（图 2）中，建筑师在构思墓园平面图时，空余的边角填满了各种各样细部的设计研究，有些甚至是尺度极为细微的部件节点，他对节点的眷恋由此可见一斑。

在布里昂家族墓园中，从圣维托村（San Vitos）通往墓园的通道可以作为此建筑开篇乐章的序曲展开。当游人们沿着斯卡帕设定好的路线来到墓园入口处的时候，上

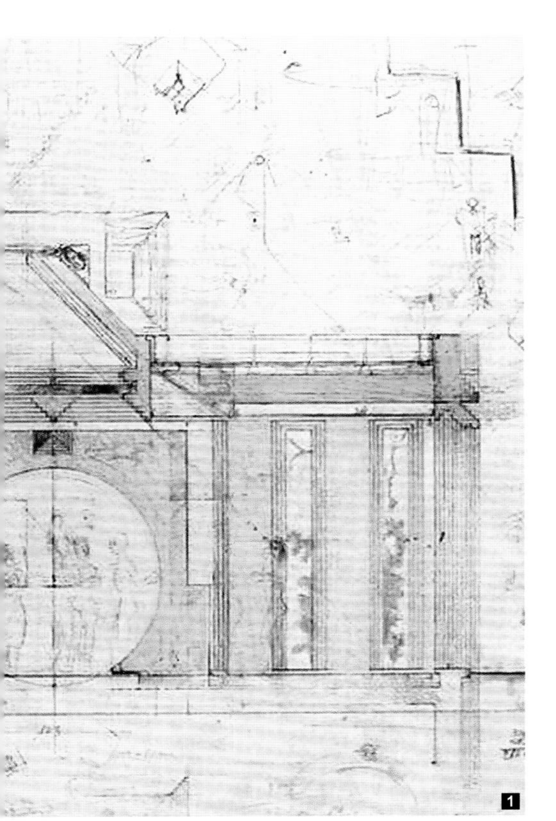
1

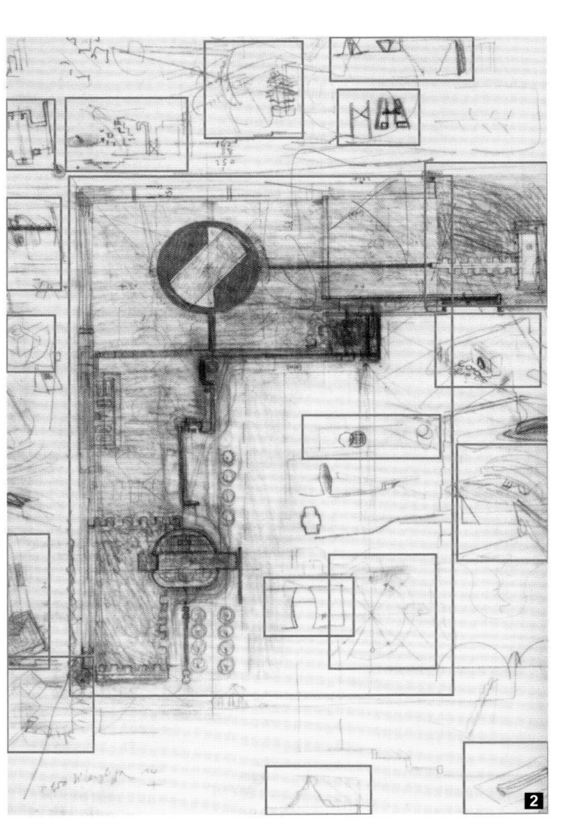
2

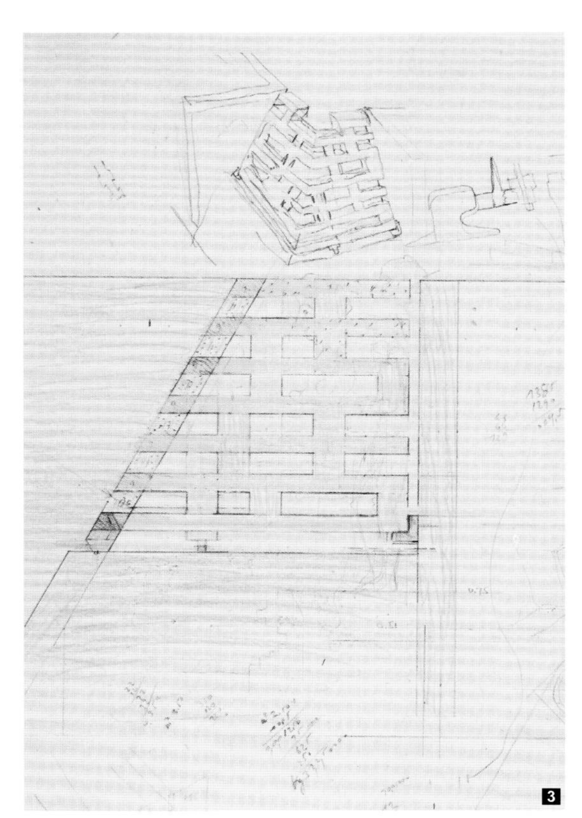
3

图4 草图中几种不同节点的推敲，由上至下依次涵盖了“点、线、面”
图5 “双环”的几何数学表达
图6 “双环”的门洞是墓园最具标志性的设计1
图7 “双环”的门洞是墓园最具标志性的设计2

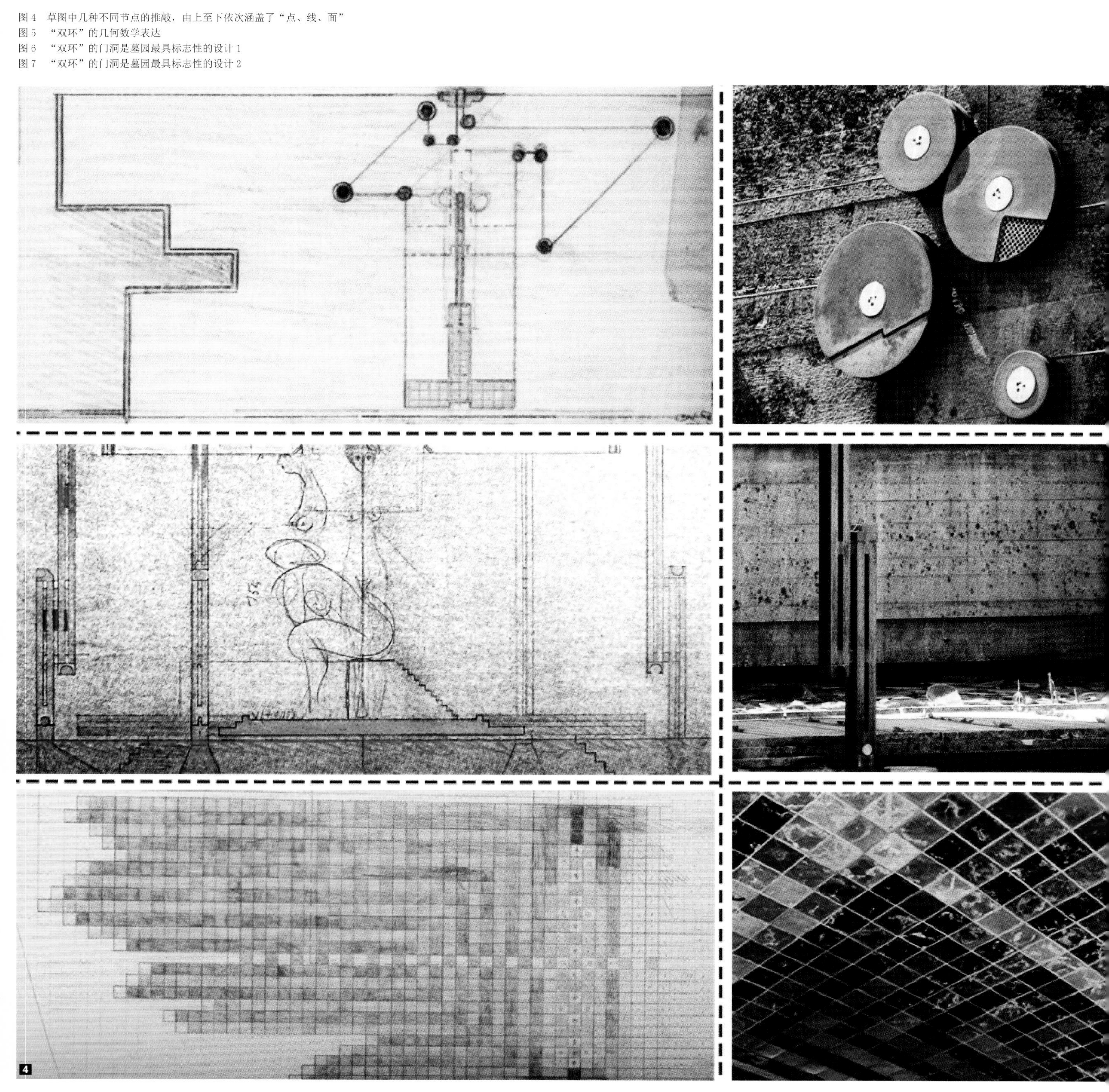

的围墙和建筑中第一个重要节点——转角的墙面镂空设便映入观者的眼帘。建筑师在草图中对其的描绘可谓达"精准"的地步（图3），镂空宛如中文"双喜"字形细部节点并非毫无道理。弗兰姆普敦在《建构文化研究》也谈到了这个特别的节点，论证了其不仅形式模仿了"双"的构图，其设计的用意也正来自于中文"双喜"的字寓意。

此外，墓园的草图（图4）创作中还有大量复杂细微节点，几乎涵盖了"点、线、面"。草图呈现的只是推敲的过程，而设计的意图往往是隐匿的，需要相关的历史资料记载或是相关学术研究才能得以"水落石出"。

文丘里曾说过："许多实例很难理解，但当它反映复杂和矛盾的内容和意义时，这座难解的建筑就是出色而有效的。"[5]节点的设计就是复杂与矛盾的综合体。对于普通人而言，先从细部、节点这样的微观向度着手进行草图推敲并不容易做到。"斯卡帕的脑海中始终要去想象着一个隆重的前奏空间。如果没有在脑海中去想象、提取出空间的核心来，细部是不可能同时为一个平台服务，并赋予其力量的。"[6]有时候这样的做法或许存在误导性与危险性，掌握不好难免会因小失大。在此，笔者不得不佩服建筑师丰富的想象力与执行力。他在脑海中形成了建筑最初模糊的轮廓和框架后，随即便在草图中勾勒出每一个具体部分的尺寸与做法，节点就是实现建筑的基石之一。草图只是记录这一推敲过程的产物，它们并没有过多的表达用意，只是记录的内容往往超出了普通学者与建筑学学生的知识范围，而其草图的思考与逻辑显得"虚无缥缈"，而无从把握。

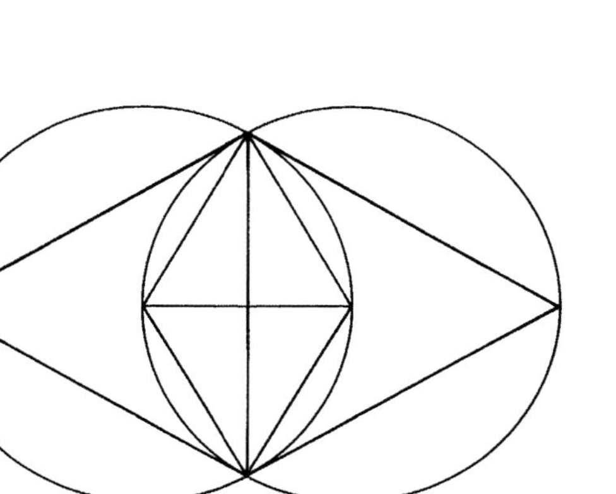
5

6

7

三、符号的拼贴与整合

在布里昂家族墓园的草图中，我们除了惊叹于斯卡帕节点的推敲与呈现之外，更多的"符号"元素也令我们叹为观止。从众多草图中进一步筛选后，我们可以得到两大斯卡帕最为钟爱的符号元素——"双环"和"褶皱"。

"双环"图案（图5）可以说是大多数人认识，并最初邂逅斯卡帕建筑的原因，它以极高的频率出现在各种宣扬其建筑的媒介中。罗塞托[7]就曾经向他求证过这种双环相交的符号对他来说意味着什么，建筑师像谜一般答道："它是我生命的母题。"[8]确实，双环带有多种象征含义，通常可以与炼金术中蛇吞蛇的符号、在拜占庭和哥特艺术作品中的鱼鳔、数学中的无限、基督教中的生命之源、生育等等联系在一起。于是，斯卡帕在这个能充分自我发挥的设计作品中反复地运用"双环"主题。

首先，在反映墓园主入口正立面的草图设计中略为潦草地第一次出现了"双环"的影像。建筑师对此的解释倒也言简意赅——"两只眼睛"，意图透过这标志性的双眼，营造出进入墓园后的第一印象（图6）。

其次，"双环"不仅作为一个醒目的门洞形象出现在墓地入口的墙上，它也出现在草图的各个细部与节点的推敲中。在建筑师眼中，它已经上升到一种艺术表达的层次，此时尺度的大小也已经不再重要，它既可以成为巨大的门洞，也可以构成景观的围合元素，甚至成为室内家具中一个令人倍感意外的精巧设计（图7）。

另外一个显著的符号是"褶皱"。建筑师反复运用以 5.5cm×5.5cm 为模数的线脚作为结构的装饰（图8），这样反复出现的节点已经成为其设计生涯后期另一大独有的、标志性的符号。这个符号看起来确实让他自身得到了某种和谐与装饰上的满足感。

"我使用一些小窍门（癖好、模数）。我需要某种引导（指引），我使用 5.5cm 的格网来控制我的作品。这个看起来没有什么特殊的模数实际上有着很丰富的表现范围……我用 11 和 5.5 约束每一件东西。因为每一件事物都可以以某一模数为基础倍增，所有的东西都符合这一模数因此而和谐。”[9]

从保留下来的大量墓园草图可以看到，“褶皱”符号几乎就是草图的主题，以至于在建筑的平、立、剖面到处充斥着（图 9）。它们被运用得随心所欲，从实际的建成效果来看，建筑师的确找到了独具匠心的和谐感，素混凝土褶皱经过时间与风沙的洗礼，甚至带有一丝远古的神秘气息，这确实是在其他现代主义建筑中很难找到的体验（图 10、图 11）。

符号特征如此之明确，以至于建筑师似乎是直接跳过徒手画图而直接进行用尺规划的草图刻画。笔者发现许多草图中将建筑褶皱的地方表达得清晰而准确，而其他建筑构件部分成像模糊且不确定，还存在需进一步推敲的可能性。由此笔者认为，这些“褶皱”相对于其他图面而言是构思成熟的，“一旦构思相对成熟，斯卡帕便将这些在透明纸上推敲的方案落实到卡纸板上，设计也随之逐步成形。”[10]此时的草图如再进一步深化的话，就能作为建筑施工所依据的施工图纸了（图 12）。“双环”与“褶皱”这两个符号的不断拼贴与整合，从观感上无疑是布里昂墓园中一道引人入胜的视觉冲击。游人们或许早已沉醉于墓园优美神秘的氛围中而不再去思索它们的真正意义，但通过深藏其背后的草图可以看到建筑师如何把它们运用到出神入化、随心所欲的地步，这完全是把建筑视为一种艺术的创作，由此而来的作品怎能不饱含着“诗意”呢？

四、结语

正如弗兰姆普敦所说的：“对于斯卡帕来说，建筑草图即使不是一种试验，也是他对设计问题进行思考的一种求证，其中应该包含一切必要的疑虑。”[11]“节点”与“符号”便是一种环环相扣、逻辑推理一般的缜密行为的记录与产物，由此弗氏再次感叹：“斯卡帕力求在建筑的每一个层面贯彻平行设计的思想，这就是说，他的设计思维不是从整体向局部发展，而是从局部向局部平行移动。”[12]斯卡帕建筑的整体印象的表达在草图中逊色于建筑节点的推敲，草图专注于从建筑的某一局部向另一局部的发展，作品的整体性由此自然得以显现。

看着斯卡帕进入细部推敲的草图，或许有人会发出疑问：这还是草图吗？它到底指什么？又有明确的定义吗？笔者并非想在此探讨如何界定草图的问题。这些个性的“节点”与显著的“符号”夹杂在一起就是斯卡帕探索解决问题可能性的真实记录。这也是从微观向度出发的草图让人震撼的理由。[13]或许在当代这个“急功近利”的建筑设计氛围中，这种震撼足以让人感到愧疚，而非仅仅停留在赞美与感动的层面。

图 8 “褶皱”的几何数学表达
图 9 含有“褶皱”细节的图纸（草图抑或施工图难以辨别）
图 10 “双环”出现在草图的各个细部与节点的推敲中
图 11 墓园实景 1
图 12 墓园实景 2

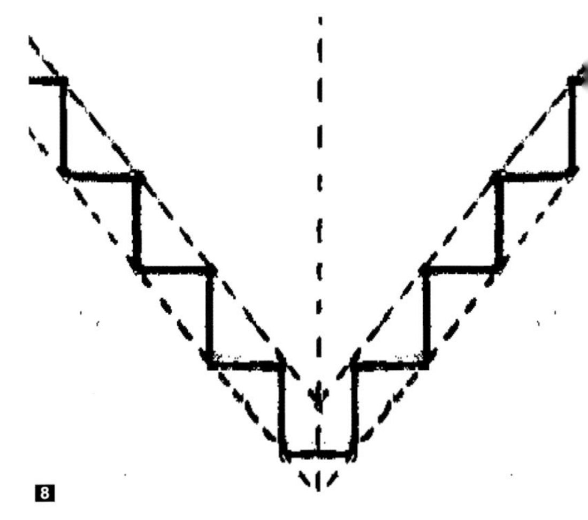
8

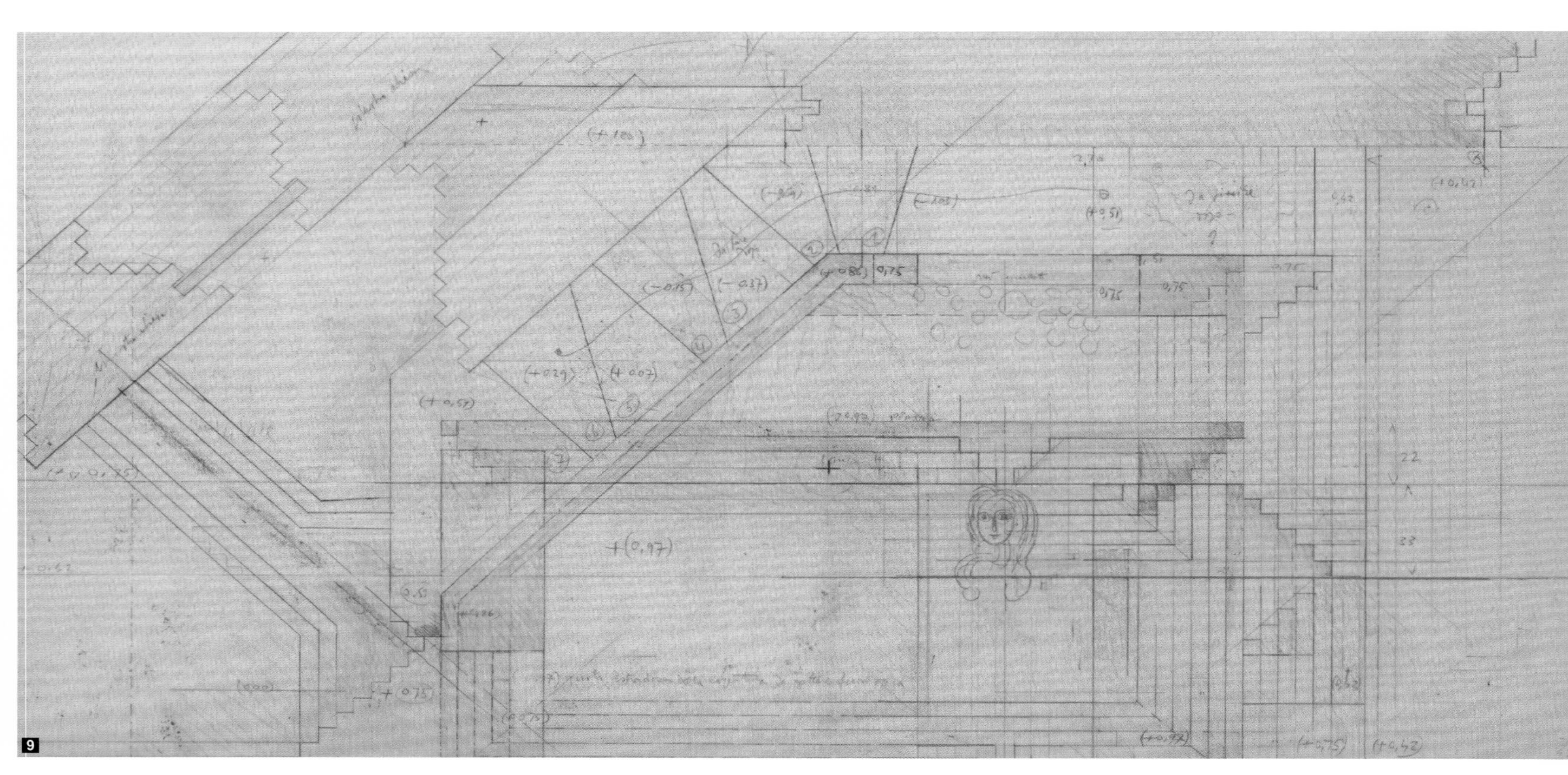
9

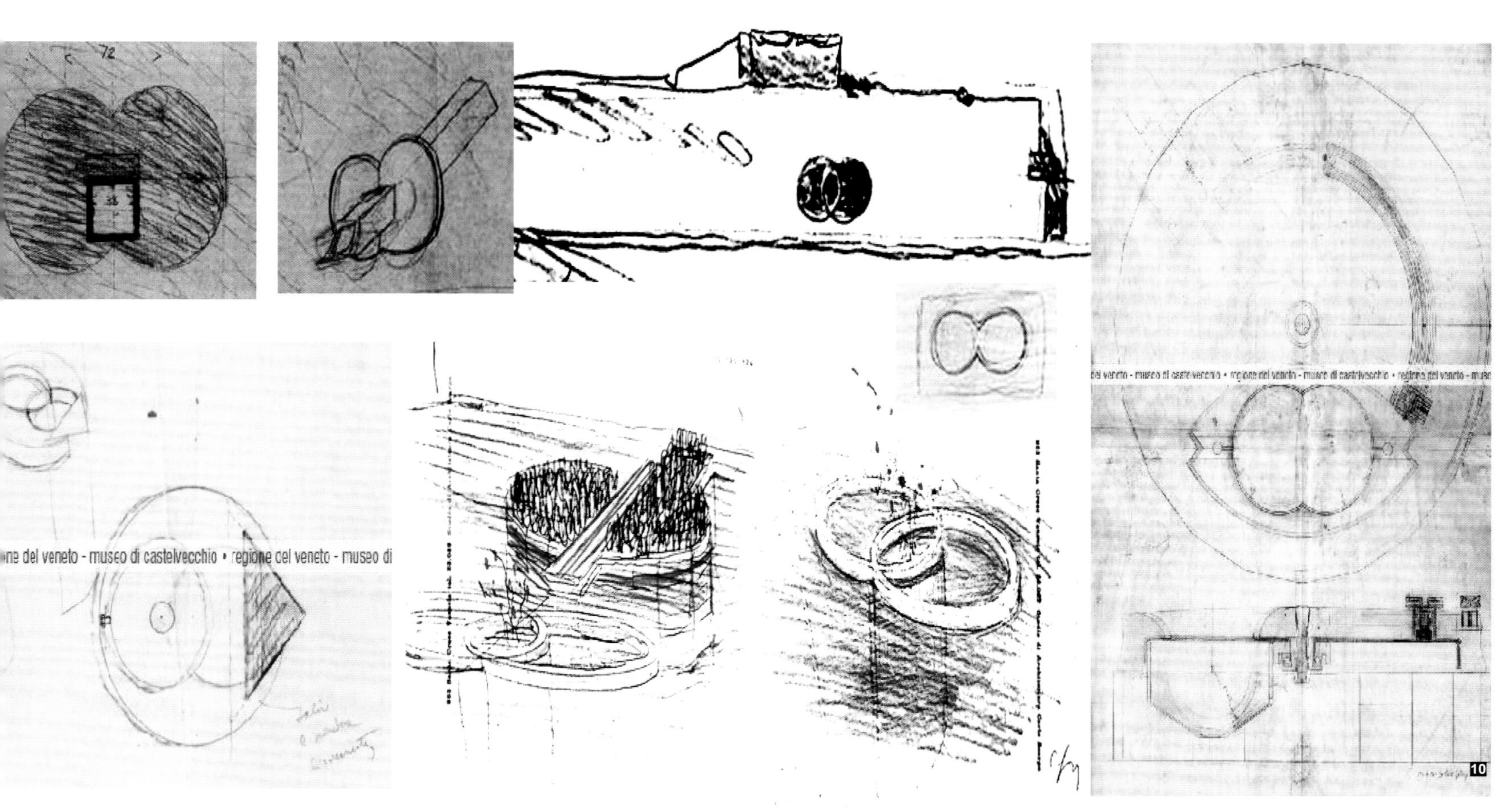

注释：

① 当时笔者所参与的雷峰塔投标方案设计项目组曾建议保留遗址，易地重建，但未被采纳。

② 王方戟，迷失的空间——卡洛・斯卡帕设计的布里昂墓地中的谜．建筑师[J],2003(5):84.

③ Boris Posrecca.A Viennese Point of View.Carlo Scarpa The Complete Works.Electa Press,P243.

④ 朱塞佩・萨博尼尼．斯卡帕作品中的过程与主题[J]．刘东洋 译．时代建筑,2010(6):102.

⑤ Richard Murphy.Carlo Scarpa and the Castelvecchino.Butteworth Architecture,1990:12.

⑥（美）文丘里．建筑的复杂性与矛盾性[M]．周卜颐 译．北京：中国水利水电出版社，2006:25.

⑦ 乐康．从草图到建筑——草图推敲建筑的四种方式[D]．同济大学硕士学位论文,2008:69.

⑧ Walter Rossetto,斯卡帕晚年最年轻的合作者。朱塞佩・萨博尼尼．斯卡帕作品中的过程与主题[J]．刘东洋 译．时代建筑,2010(6):103.

⑨ 张昕楠．卡洛・斯卡帕——融合艺术与传统的空间蒙太奇[D]．天津大学硕士学位论文,2007:180.

⑩（美）肯尼思・弗兰姆普敦．建构文化研究[M]．王骏阳 译．北京：中国建筑工业出版社，2007:315.

⑪ 同上:314.

⑫ 同上:322.

⑬ 笔者认为斯卡帕的草图的微观创作向度特征已表达得淋漓尽致，无人能出其右。自建筑CAD的全面普及与运用，未来建筑师的草图不太可能会呈现出像斯卡帕那样带有“原始”意味的微观特性。草图是他“诗意”建筑的延伸与补充。

桥的速写
——中国桥的魅力

彭军、鲁睿　　天津美术学院

Sketches of Bridges
— The Charm of Chinese Bridges

Peng Jun, Lu Rui　　Tianjin Academy of Fine Arts

1

桥的魅力是什么？是人们内心中的一种跨越的萌动？是人类征服空间的一抹印迹？回答也许有很多，但有一是被公认的，即不同类型的桥梁会塑造出不同的美感与力。在组织学生编绘《中国桥——建筑画选录》的过程中，者时时体会着中国桥的沧桑历史，也感悟着中国文化赋中国桥灵韵的浸育。

中国的桥梁设计，不仅是科学技术的进步，也是设计新的升华，当今的桥梁设计者通常将建筑艺术和结构技融为一体，向我们推出规模更大、造型更美，而且比以任何时候都更为壮观的桥梁作品，其中有些桥梁的设计至是惊人的，它们代表了一种神奇的技术结构和杰出的术造型。下面就让我们从中国桥的过去、现状和发展来悟其中的韵味寓意吧。

中国桥梁的历史可以上溯到大约6000年以前，到了00多年前的隋、唐、宋三代，古代桥梁技术发展已日臻熟。鸦片战争后，中国的桥梁技术全面落后于世界的步直到1937年，以茅以升设计了著名的钱塘江大桥为发端，中国人自己设计现代桥梁的历史才翻开了新的一页。那么，中国的桥梁设计水平和特点到底有哪些？它们又是按什么分类的呢？哪些桥梁是具有代表性的呢？

我们经常看到的桥可以分成五类，即梁桥、浮桥、吊桥、拱桥和立交桥。

梁桥：梁式又称梁柱式，是在水中立桥柱或桥墩，上搭横梁，连而成桥，有单跨、多跨之分。 如灞桥、洛阳桥、安平桥、虎渡桥、绍兴八字桥、阴平桥、程阳桥等是木、石梁桥的代表。

浮桥：用舟或其他浮体做中间桥脚的桥梁。《诗经・大雅・大明》第一次记叙周文王娶妻，在渭河上造了一座专供帝王使用的浮桥。长江、黄河上曾有过近20座浮桥。第一座黄河浮桥建于公元前541年临晋关附近，是秦景公的母弟后子，怕被景公杀害，乘车逃奔晋国途中所建。

吊桥：古时设置在城壕上的桥，现在为悬索桥和斜拉桥的统称。 吊桥首创于我国，吊索由藤索、竹索发展到铁链。在唐朝中期，就有了铁链吊桥，比西方早800年以上。

图1 广西三江侗族程阳永济桥（09级苏时果）
图2 北京卢沟桥（09级张文）

2

3

图 3 天津滨海立交桥（09 级盖
图 4 河北省赵州桥（09 级郭文
图 5 福建洛阳桥（11 级常鑫）

拱桥：始建于东汉中期，其形式之多、造型之美，为世界少有。拱桥是用拱作为桥身主要承重结构的桥，如赵州桥、宝带桥、卢沟桥、枫桥，以及北京颐和园的玉带桥、十七孔桥等都是拱桥的杰出代表。

立交桥：线路（如公路、铁路等）交会时，为保证交通互不干扰而建造的桥梁。在既有线路之上跨越者又称跨线桥，在地下穿过者又称地道桥。

在这五类桥梁类型中，中国的桥梁设计者发挥聪明才智，创造设计出一座座流芳百世的桥梁，在中国乃至世界史上都具有典型意义。下面，我们就介绍几个具有代表性的桥。

在福建泉州建造的万安桥，也称洛阳桥——建造于秦汉时期，属于石梁桥。此桥长达 800m，共 47 孔，是世界上现存最长、工程最艰巨的石梁桥。

赵州桥——位于河北赵县，是一座单孔石拱桥，桥面宽 10m，两侧 42 块栏板上刻有龙兽状浮雕。

广济桥——位于广东潮州东门外，是我国古代一座交通、商用综合性桥梁，也是世界上第一座开关活动式大石桥，有“一里长桥一里市”之说。

泸定桥——位于四川泸定县的大渡河上。每根铁链平均由 890 个扁环扣联而成，重约一吨半。1935 年红军长征中，飞夺泸定桥，创造了震惊世界的奇迹。

故宫金水桥——金水桥分为内、外金水桥，建于明永乐年间。内金水桥位于故宫太和门前广场内金水河上，为五座并列单孔拱券式汉白玉石桥。横亘在天安门前外金水河上的三孔拱券式汉白玉石桥为外金水桥，重建于清康二十九年（1690 年）。所谓的“内金水桥”是紫禁城内大，也是最壮观、最华美的一组石桥。

十字桥——位于山西太原市晋祠内。桥梁为“十”字开全桥由 34 根铁青八角石支撑，柱顶有柏木斗栱与纵横连接，上铺十字桥面。

玉带桥——位于北京颐和园。用白石建成，拱圈为尖形，桥面呈双向反弯曲。桥身用汉白玉雕砌，两侧雕精美的白色栏板和望柱。有“海上仙岛”的美称。

……

新中国成立后，我国的桥梁建筑事业取得巨大的成就1968 年南京长江大桥胜利建成，标志着我国桥梁建设技达到了先进的水平。

例数完杰出的桥梁设计，我们再来看看桥梁设计所现的艺术性与科技性。桥梁主要用于交通负荷、跨越障碍这是它的基本功能。因此，桥梁结构的造型应表现出有量、稳定、连续和有跨越能力等特点，以显示功能性。也就自然地产生某种美感。桥梁是功能、技术、经济与观的融合体，各方面共同作用，美寓其中。

关于桥梁美的形态规律、审美标准的分类多不一致可以说是众说纷纭。我们把它归纳为：环境的协调；主与对称；韵律与旋律；均衡与统一；比例与尺度；虚实明暗……这些法则也可以说是设计的色彩、风格达到“调”的基础。

4

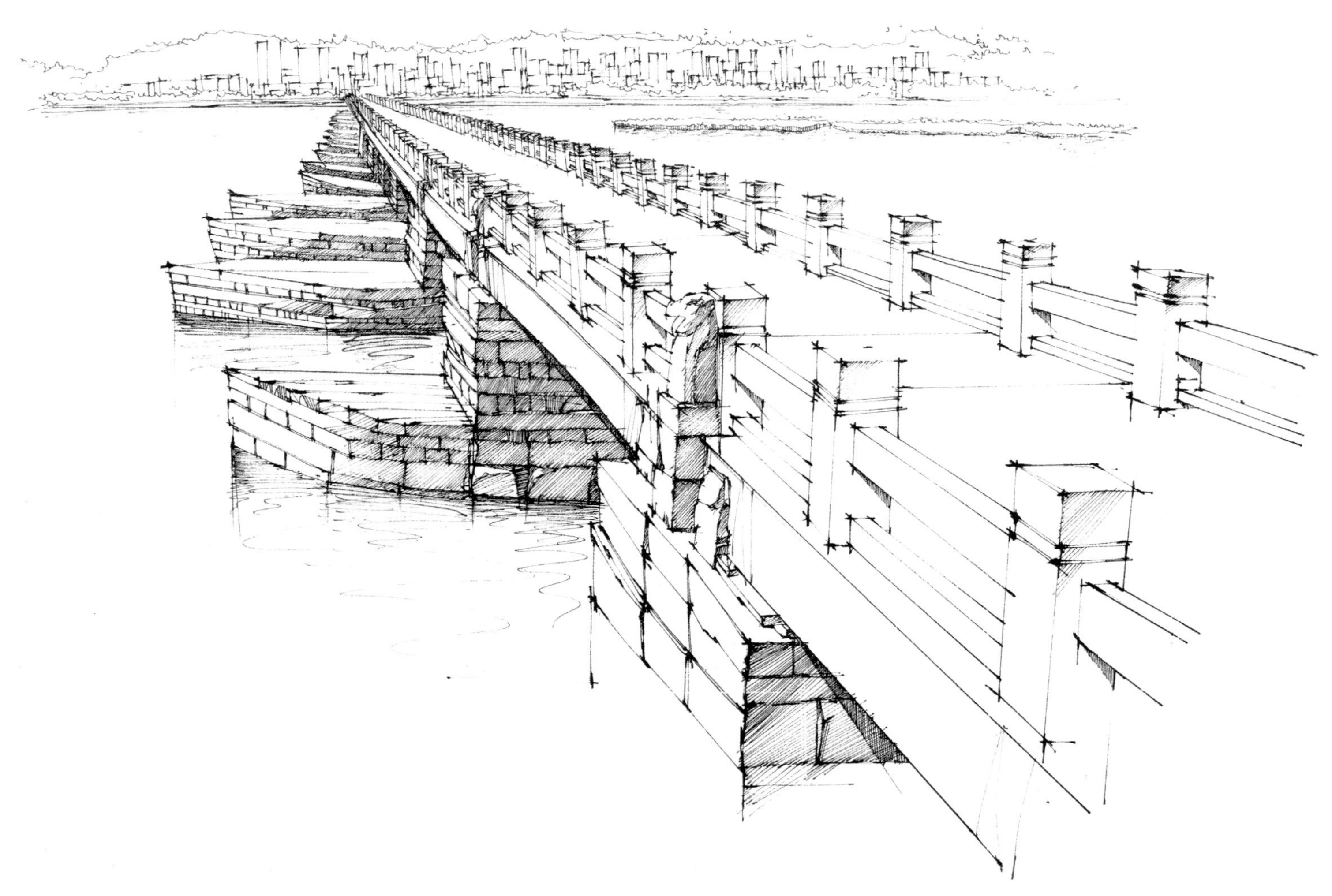

5

6

7

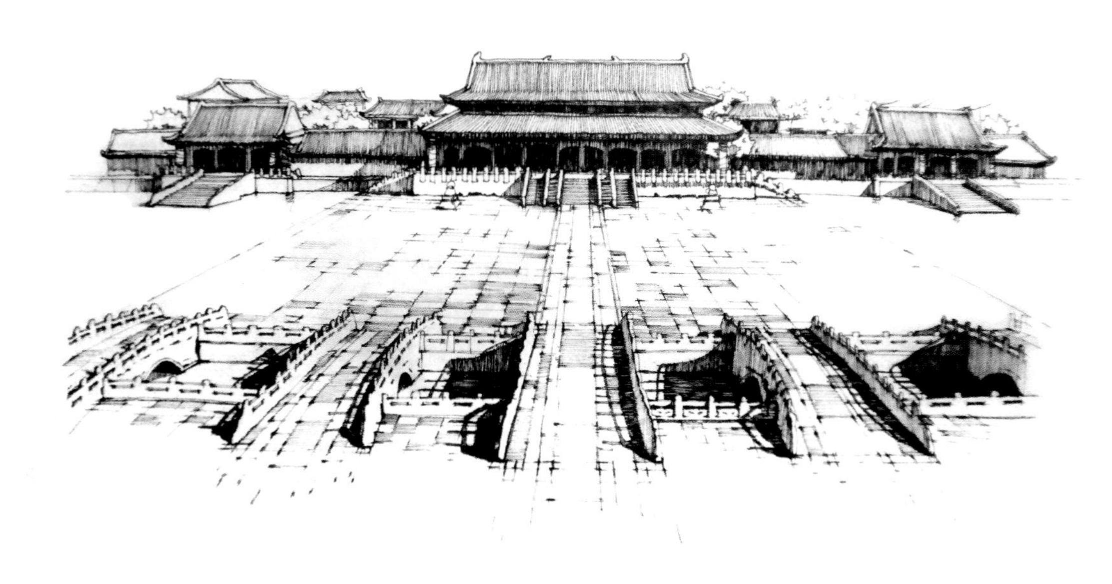

8

当桥梁本身具有美感的同时，也会对周围环境产生的影响，它所带来的视觉效果是很震撼的。无数电影导喜欢在电影中对桥梁借景，用它来吸引和感染观众，也此来阐释对美的理解。

如《非诚勿扰2》中冯小刚导演让舒淇婉约地走过过江龙索桥，柔性的索桥和苍山翠绿形成了很好的呼应踱步在桥上可随着桥梁的颤动欣赏山川美景，给观众陶的感受；再如电影《飞夺泸定桥》讲述了中央红军长征头部队红一军团战士不怕牺牲、英勇战斗的故事，泸定索桥不仅是一个桥梁，它更承载着历史的色彩，代表着个时代的精神。

现代的桥梁还是当代科学技术发展的集中展现。大和特大型桥梁以实用功能为主导，凭借宏大雄伟的震撼使欣赏者折服；中小型桥梁，特别是城市的人行桥已成桥梁建筑师发挥创造才能的载体，为区域景观平添俏丽风采。近几年，中国越来越多桥梁的附属功能开始增加如商务休闲型、生态型、低碳型等。设计者注重高新科的应用，如利用桥上太阳能发电供水供热；设计桥体商中心；雨水收集系统供洗手间和栽培植物使用，废水将处理和回收利用等。例如以下桥梁。

北京动物园桥——保护生态桥。2007年11月20日北京动物园上空的隔声空中隧道正式建成通车。高架路约1800m。为使动物免受噪声干扰，经过动物园上空长千米的桥面全部装上了半椭圆形隔声屏。这是北京第一全封闭隔声屏道路。

天津永乐桥——休闲游乐桥。永乐桥横跨海河，桥矗立着高大雄伟的观光摩天轮——天津之眼。摩天轮直达110m。游客乘坐摩天轮最高可达到120m（这相当于层楼的高度），并可以一览方圆40公里美景。摩天轮外挂着48个观光舱，每个观光舱可容纳8人。摩天轮缓旋转，约半小时旋转一周，每小时可供768人观光。

杭州湾桥——杭州湾桥在海中设置休息区，主要功在于应急避险，同时也可以作为休闲娱乐区。

憧憬未来中国桥梁设计的发展，随着技术创新的飞发展，中国未来的桥比当今的桥将会更加人性化、智能美观、安全。桥已经不是传统意义上的桥了，它会是矗立的是悬空的，是交互穿插的，也可以是时隐时现的。桥能带给人不同的感受：时而小桥流水式的柔美，时而一桥架南北的宏伟，给你超乎想象的体验。未来的桥可以拥超强的硬度，具有相当可靠的安全系数，地震、台风无撼动它。随着环境的改变，桥也能自动更新升级，以适各种境况。相信在不久的未来，最先进的桥应当兼具艺美和科技美，桥的外形看起来像彩虹，处处彰显着美学素，而内在功能又处处体现节能与环保。

中国的桥梁设计师通过自己的不懈努力，终于使中桥梁站到了世界前列。今日中国的桥梁已不只是沟通两的交通方式，更带动了经济与文化的发展，全国各地的梁也因地域环境的不同，而融入当地的风景中，成为独的地标建筑。

本着考察纵贯中国历史桥梁发展轨迹，通过对中国地桥梁的考证，描绘感悟这一类特殊的建造作品的初衷天津美术学院设计艺术学院环境艺术设计系组织学生编了《中国桥——建筑画选录》一书。

《中国桥——建筑画选录》书中所表现的桥梁不仅一座座建筑，更是一个个独特的景观。学生们用速写来现桥的雄浑美、简约美，虽然线条尚显稚嫩，但潜心研习用心勾勒所描绘的一座座将艺术美和科技美完美结合的的丰碑，会在这些未来的设计者心中留下难忘的印记，时也为中国桥文化的留存尽些微薄之力。

图 6 广东广济桥 （09 级敖蕾）
图 7 四川泸定桥 （09 级孙晓婷）
图 8 北京内金水桥 （08 级王雁飞）
图 9 山西十字桥 （11 级史晓倍）
图 10 南京长江大桥 （10 级林洋昕）
图 11 天津永乐桥 （08 级彭奕雄）

11

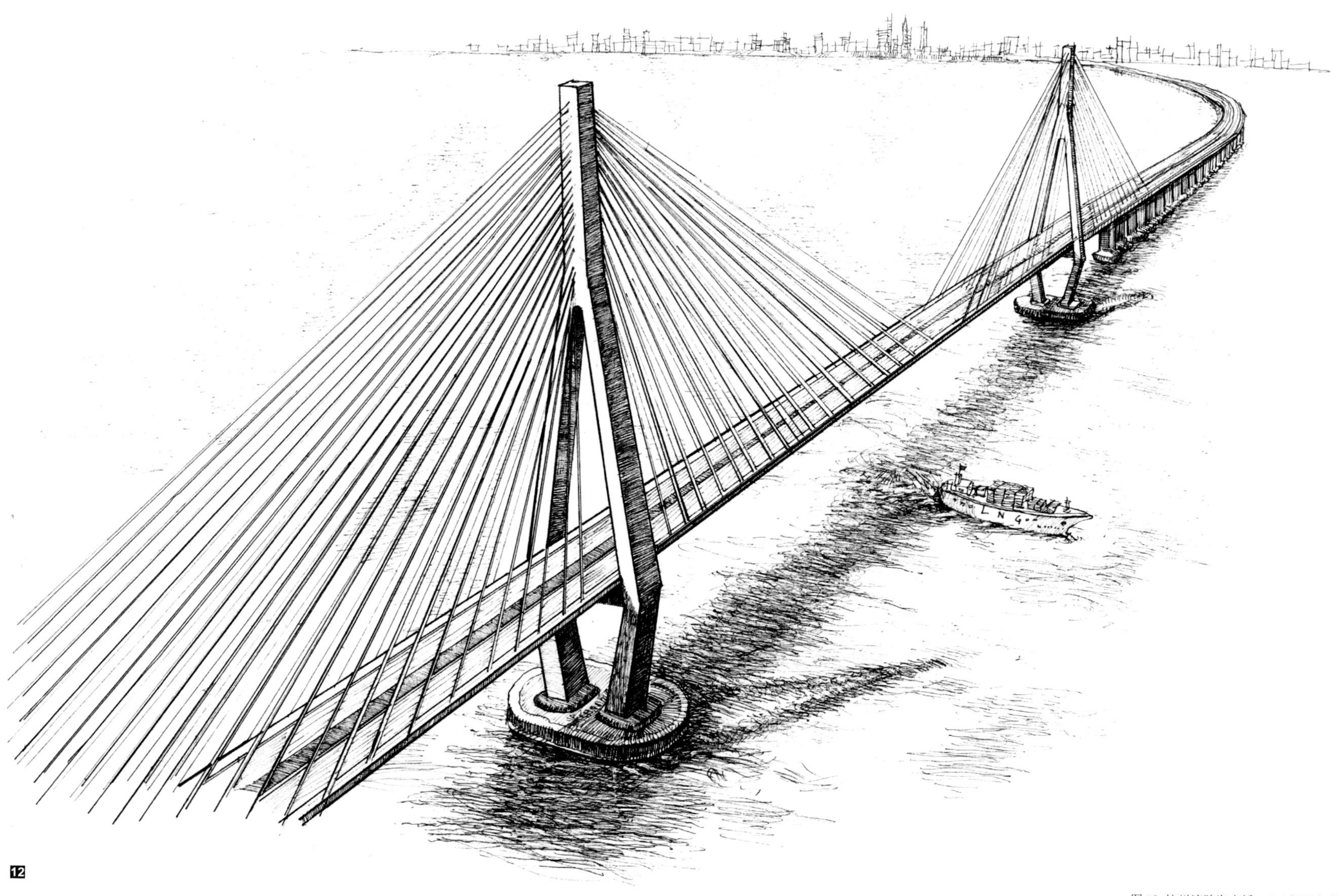

12

图 12 杭州湾跨海大桥 （11 级马宝华

要孟买，还是要昌迪加尔？

海松 上海大学美术学院

Mumbai or Chandigarh, Which is Your Preference?

ng Haisong College of Fine Arts, Shanghai University

图 1 孟买平实市井的普通宅第

A-1470

孟买的极度拥挤、无序，
开始向往理念先进、由大
规划的“光明之城”——
昌迪加尔。
了昌迪加尔，满目所见尽
是冷酷的混凝土建筑、冷漠
的街道、冷清的绿地……
又转而怀念孟买的温暖、
多，
底是要孟买，
是要昌迪加尔？

一直向往神秘、古老的印度文明，向往诞生了释迦牟、泰戈尔、甘地等古今人杰的神奇国度。这次有机会参与印度孟买KRVIA建筑学院、广州美术学院、四川美术院合办的城市设计工作坊，总算遂了自己很久以来的一心愿。按照事先排定的行程计划，这次的印度之行从孟开始，以昌迪加尔为结束。先到孟买，是因为工作坊的在地（KRVIA建筑学院）在孟买，我们必须先要在那待一周；最后从昌迪加尔回，是因为一直仰慕现代主义建大师柯布西耶，想在从新德里回来之前去看一下传说中“理想之城”是个什么样子，膜拜一下几座只在教科书看到的建筑。

图2 现代化高层住宅与历经沧桑的陈年老屋
图3 自然生长、极度拥挤的贫民窟
图4 英国殖民时期留下的老城区
图5 整洁、现代化的城市街道
图6 逼仄、不规则如乡村的陋巷
图7 精致考究的西式建筑

一、孟买印象

孟买面向阿拉伯海，是印度最大的港口城市，也是现印度人口最多、经济最繁华的城市。它和中国上海在许地方有相似之处——国家中除首都以外的最重要城市，西方文明影响较深，老城区有许多殖民地建筑，城市新朝气蓬勃……

初到孟买，你就会被这个城市的极度“混杂”所震撼！里既有簇新的现代化高层住宅，又有历经沧桑的陈年老（图2）；既有自然生长、极度拥挤的贫民窟（图3），有英国殖民时期留下的老城区（图4）；既有整洁、现化的城市街道（图5），又有逼仄、不规则如乡村的陋（图6）；既有精致考究的西式建筑（图7），又有平市井的普通宅第（图1），还有破败的临海渔村（图8）。这里，你会有迷失时空、难辨城乡的感觉。

你会发现，孟买就像一块被切开的化石，以剖面的方呈现在你的眼前。穿越在城市中，你可以在一天的时间同时看到发生于不同年代的城市空间。它们就像城市化，似乎被固定下来了，而且层叠复合的积淀有很多……

图 8 破败的临海渔村
图 9 ～图 11 空中步道

非常奇妙的感觉！我们不妨去粗看一下这块城市化石中一些沉淀物：

□城市“创可贴”——空中步道（skywalk）

孟买的空中步道是这个城市的重要特征，也是世界其他城市所没有的。它绵延 3km 多，横跨城市中心区（11）。经过火车站、城市 CBD，又掠过一大片贫民窟（图 9）沿途的景观反差极大，是许多上班族每天要经过的城市共空间（图 10）。

把步道放到空中，当然是解决城市交通过度拥挤的个方法，但是，它似乎是一种逃避现实的机械对策，因它只是在现有城市肌理上叠加上一层新东西，而放弃了城市内在机体的梳理。对于这个最近几年才出现的城市共设施，有人认为它是城市的“创可贴”，缝合了城市把不同贫富的城市街区连接了起来，方便了城市白领安地穿过贫民区；有的人却认为，它反而撕裂了城市，加了城市人群的分化，造就了分别行走于“上”和“下”相互漠不关心的两类人群。因为，并不是所有人有权利上“空中步道”——对于衣衫不整的城市贫民来说，那个禁区。

2～图 14 邦根加圣池与聚会的市民
5 古根海姆实验室

□文化交错——邦根加圣池（Banganga Tank）、古根海姆实验室（Guggenheim Lab）

生活在孟买的市民可以有不同的文化生活。因为在孟买，非常传统的公共活动空间和极其现代的文化场所并存，不同的人群可以去截然不同的地点。周末，有近千年历史的邦根加圣池（图 12）依然吸引着当地民众，许多家庭会选择在那聚会，用印度教的圣水洗浴、休憩（图 13、图 14）；同时，由古根海姆基金会资助的古根海姆实验室也吸引了城市公园里的周末人流，政治家、政府官员、专家学者轮番上场讲演，高谈阔论中满是最时髦的名词和话题（图 15～图 17）……这是一个处于多种文化交错之中的城市。

□街道、城市建筑

孟买的城市街道大多都非常拥挤（图 18），街道两边的建筑密度很高，立面富有拼贴效果（图 20），显示出层层堆砌的时间积淀。城市中，建筑形态、风格具有很大的差异性——有时髦现代的美术馆（图 21），有传统尺度的清真寺（图 22）。有时落差极大的建筑会紧邻而处（图 19），但相安无事。

□交通工具

孟买市区最为常见的交通工具是一种叫 rickshaw 的“摩的”（图 23、图 24）。它们穿街走巷、灵活机动，且价格便宜。不过，由于其数量众多，噪声巨大，也是城市喧嚣的罪魁祸首。此外，在一些景区周围，人力三轮车（图 25）也还存在，在老城的旧商业街，用来运货的人力板车也随处可见（图 26）。

这是一个非常混乱的城市，与我原先设想的国际大都市形象有相当的距离。几天的新鲜劲过了以后，我开始对孟买的破旧、杂乱、拥挤、无序感到恐惧、无助……难道这就是传说中的城市病？这就是城市规划师们所描述的城市失控？突然，我开始无限向往我们这次行程的最后一站——昌迪加尔。因为早在 20 多年的本科学习阶段，我就从教科书上知道了，它是现代主义建筑大师柯布西耶一手缔造的“光明城市”，是体现现代主义精神，讲究功能分区、设施完善、秩序井然的样板城市，是一个完全贯彻了规划师、建筑师意图的明星城市。

二、 向往中的昌迪加尔

与孟买不同，昌迪加尔是一座平地而起的新城，它的历史只有短短的半个世纪。这是一座距印度首都新德里约 4 小时车程的城市，是旁遮普邦和哈里亚纳邦的首府。1951 年，受当时的印度总理尼赫鲁邀请，法国著名建筑师勒・柯布西耶主持了这座新城的规划和部分建筑设计。

在去昌迪加尔之前，我们已经知道，柯布西耶规划该城市的初衷就是为了解决现代城市的弊端——人口密度过高、交通拥挤、缺乏绿地、城市建筑日照通风不理想，城市人缺少游憩运动空间。基于以上的出发点，柯布西耶为昌迪加尔构建了网格状的现代路网。这些路网把整个城市分成 60 个方块，即 60 个小区（没有第 13 区）。这些区

图 16、图 17 古根海姆实验室
图 18 拥挤的城市街道
图 19 与传统落差巨大的现代建筑

16

17

块每块面积约为 100hm²（800m×1200m）（图 27）。这些方块被柯布西耶称为"邻里单位"，而不是社区。当然，这些区块中许多还是留出的绿地。出于对印度传统文化的尊重，柯布西耶在他的规划中贯穿了以"人"为象征的布局理念：将城市看做一个完整的人体——议会大厦、法院等城市行政中心处在"大脑"的位置，位于城市顶端；博物馆、图书馆等作为城市的"神经中枢"紧邻大脑附近，且处于风景区之中；城市商业中心象征城市的"心脏"，位于城市纵横主干道的交叉处；大学校园好似人的"右手"，位于城市西北侧，工业区好似"左手"，位于城市东南侧；城市的供水、供电、通信系统象征人的"血管神经系统"，道路相当于人体"骨架"；城市建筑是人体的"肌肉"，绿地是城市的"肺"。此外，城市还在绿地系统中设置了人行和自行车道系统。

怀着朝拜的心情，我们出发去了昌迪加尔。因为航班取消，我们只能飞新德里转高速公路而去。抵达的时候已经快晚上 10 点了。虽然是晚上，可是还是感觉到有点不太妙——因为整个城市太冷清、太稀疏了，建筑影影绰绰的，感觉不在城市里。

第二天一早，我们兴冲冲地奔赴市中心而去。还是满怀希望，因为得知我们昨晚的酒店位于城市工业区内，是相对人烟稀少的地块。可是，随着车辆的行驶，窗外的城市景观并没有太大的变化，只是感觉到路两边都是大片的绿地，建筑与建筑之间的距离比较远（图 28）。时不时地，绿地里还有一些流离失所的城市贫民搭建的简易棚屋（图 29）。

花了一天时间，我们看了城市的"大脑"——议会大厦和法院，浏览了城市的"心脏"商业区、"右手"旁遮普大学及聚集了大量混凝土雕塑的石头公园，感觉非常复杂……说实话，对于旁遮普大学和石头公园，我是喜欢的，但是对于整个城市，我是失望的。

不可否认，柯布西耶是个非常出色的建筑师，他留在昌迪加尔的建筑作品都非常出色，不管是大体量的议会厦（图 30）还是小体量的甘地中心（图 31）都非常精彩在昌迪加尔，混凝土的特点被创造性地利用了，特别是头公园里那些可爱的小雕塑（图 32、图 34）。

可是，对于昌迪加尔的规划，我却不敢恭维。虽然规划格局是在模仿"人体"，其实际效果却很不人性。阔的棋盘格路网显然是给车准备的，对人是冷漠和超尺的；因为地块之间距离较大，绿地系统里的人行道并没么行人；宽阔的绿地虽然很好看，但是不知道是给谁看只有一些流浪汉会驻扎其中；商业中心地块远没有想象的商业气氛，只有摩托车横陈的停车场（图 33）；唯一我感觉比较好的是大学校区，建筑与绿地的尺度比较协……仔细一想，其实昌迪加尔就像一个放大的大学校园不像个城市！

我又开始怀念孟买了。相比昌迪加尔，孟买虽然拥混乱，但是它温暖、有人情、有生气，可以生活。

18

VIDEOCON
R.S.T.
23681918
R.S.
TAILORS
टेलर

图 20 富有拼贴效果的立面
图 21 时髦的美术馆
图 22 传统尺度的清真寺
图 23、图 24 摩的 rickshaw
图 25 人力三轮车

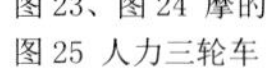

21

20

22

23

24

25

6 人力板车
7 昌迪加尔平面图
8 巨大的建筑间距 （由四川美术学院黄耘、彭滟老师提供）
9 贫民搭建的简易棚屋 （由四川美术学院黄耘、彭滟老师提供）

三、 要孟买，还是要昌迪加尔？

由于孟买的极度拥挤、无序，我开始向往理念先进、师规划的“光明之城”——昌迪加尔。到了昌迪加尔，目所见尽是冷酷的混凝土建筑、冷漠的街道、冷清的绿……我又转而怀念孟买的温暖、人多，到底是要孟买，是要昌迪加尔？

孟买很混杂，历史很厚。你可以感受到城市里所有的西都很顽强，生命力旺盛。整个城市具有很强的自发性、主性。你预测不了这个城市会长成什么样子，也不要指望新的部分可以把旧的物质完全抹掉。城市是密实、紧凑的、多痕迹的，具有丰富的内在联系。在这个城市里，最不缺的是人，各种各样的人……由他们聚拢成了许许多多的社区，由许许多多的社区组合成了城市，一个在漫长发展过程中逐渐形成的城市。

昌迪加尔很单纯，也很年轻。整个城市的建筑风格统一到让人感到“单一”，城市空间离散、分割，城市界面不连续，地块之间缺乏联系。在这里，你可以看到大量被快速复制出来的、极具“机器感”的建筑，但是却看不到社会，看不到社区，看不到城市人的联系方式。

26

28

27

29

两个城市的区别是明显的，孟买是从地里生长出来的，温暖、人性，而昌迪加尔是被安装上去的，冷漠、机械。我估计，如果柯布西耶复生，看到今日昌迪加尔的凄凉，他也会后悔的。

四、结语

由孟买和昌迪加尔的例子，我开始怀疑应该先有“人”，还是应该先有“城”。显然，孟买是先有人，再形成城市的。而且，随着人的越来越多，城市也越长越大，直至大到有失控之虞；而昌迪加尔是先有城，再有人的。先规划、建设，确定规模，然后再投入使用。结果是城有了，人还不知在哪里……

由上，我也开始怀疑“城市规划”这个工作的靠谱性了。显然，许多城市在开始的时候并没有规划，却生机勃勃地发展起来了；而有些先期进行规划的城市，却没有按规划在发展。可见，城市是很难被规划的。城市发展有着其固有的轨迹，不以有些人的规划为准绳。

看来，艺术家和设计师一定要极其谨慎，不要轻言规划……也许城市一直是在自己生长的，规划只不过是人们给它穿上的一件衣服，一旦不合体，迟早会被撑破的。

30

32

31

33

34

图 30 昌迪加尔议会大厦
图 31 甘地中心
图 32、图 34 石头公园的小雕塑
图 33 商业中心

昔阳县上城街区视觉文化辨析
——视觉景观的偶然与必然

翁剑青　　北京大学艺术学院

The Analysis of Visual Culture in Xiyang District, Shangcheng Street Block — Chance and Necessity of Visual Landscape

Weng Jianqing　　College of the Arts, Peking University

1

昔阳县上城街区街景
路边停车景观
街口牌坊
“文化大革命”标语遗迹
沿街商业 1
沿街商业 2
沿街商业 3

特定地域和场所呈现的视觉景象及其文化形态，
具有其复杂的成因和内在的逻辑关系。
视觉与景观艺术对于公共空间的介入，
其偶然性及创造性应该基于其必然性和自在性之上，
而非一种想当然的自说自话或自娱自乐。

无论是过往历史留存的形貌，还是当代语境中生成的觉景象，均有其偶然与必然的成因。它们分别来自大历背景的影响以及特定地域环境和人群行为的作用。因此，定地域和场所呈现的视觉景象及其文化形态，具有其复的成因和内在的逻辑关系。在当代中国城市化、城镇化及“新农村建设”过程中，乡镇公共空间视觉景观的形式、涵及其建构理念，正成为中国当代社会视觉文化及公共域的重要组成部分。这首先是因为中国人口的 60% 以上农民及乡镇民众，他们的日常生活环境及公共空间的视艺术形态将体现和影响其公共文化和审美形态。本文暂仅以山西昔阳县城的一条主要商业街区（上城街）及其场的视觉景象作为关注的对象，来进行评述和解读。

昔阳县城区上城街为其主要商业街道和乡镇公共空间要区域之一。在 2010 年后，昔阳县政府对这条先后源 19 世纪中晚期与 20 世纪初期而成于 20 世纪 60 ～ 70 代的街道建筑及环境（尤其是沿街建筑外立面的视觉形）进行了重新修缮和装饰，以配合乡镇特色旅游和本地业经济发展而形成可以吸引人们眼球的街区。问题在于街区建筑及视觉景观的再造方式，并非立足于恢复或保它原有的历史形貌与视觉文化特征，亦非立足于使修缮的街区景观形态与本地居民当下的现实生活及公共意识生真切的对应关系，而是采用了一种对于发生在 1966 1976 年间的中国“史无前例”的“文化大革命”时期高度的政治意识形态化的视觉环境概念性的“再现”。它使得迈入其间而有着当年真实历史记忆的游人仿佛落入近半个世纪前“轰轰烈烈的”政治运动的空间之中，产生既熟悉且又隐隐作痛的回忆；而使得广大的新生后代产生出与他们当代真实的生活经验、内在情感需求没有关联的奇异的、无厘头的和无奈之感。

历史和现实生活的经验均告诉人们，能够被人们易于认知和情感接受的城镇景观，一定是产生于当地自身发展的自然过程之中的（其中包含着酿成景观环境的自然和社会因素，以及经济或技术的因素），而绝非瞬间搭建起来且来去匆匆的“戏剧布景”或“舞台道具”。前者是来自历史过程中自然或自发的日常生活和社会生活，而后者则是来自某种短暂的、非正常状态的“表演”或“化妆”，因而它必然与人们正常的、具有真实性的生活经历和情感相背离。昔阳县城上城街的视觉景观却恰恰既不是真实历史岁月中遗留下来的真迹，也不是当代社会真实生活中自然生长出来的，而是一个围绕着所谓的乡镇形象和旅游特色的包装而短时内由少数人决策而生成的特殊个案。它以类似波普艺术般的政治图像的秀场作为此街区的公共景观，但却并不具有任何对于历史遭遇的反思与批评意味，而是试图以时过境迁的政治意识形态的视觉秀场的营造与把玩而赢得商业经济的回报。

在去山西大寨旅游的人们可见，在昔阳县城上城街两旁约 1km 长的建筑群落中，集中了各种生活类小商品店铺、居民宅院、公共服务部门、行政机构以及小广场、停车场等建筑体和公共空间。在此街道两旁几乎所有的建筑立面、建筑的装饰构件上（包括居民院落的门户、隐蔽墙上），均可见到当下新绘制的“文化大革命”时期曾经泛化的宣传口号，“最高指示”，政治宣传画、“革命电影”的海报、“革命样板戏”的人物浮雕和当时曾流行的各类装饰图案或“黑板报”的图案和形象。它们与经过重新装修和粉饰一新后的沿街建筑群一道，把当地人和外来游人带入一个似乎十分熟悉又十分陌生而离奇的现实空间。其离奇在于当今十分物质化、商业化和趋于全球化的社会语境下，却陡然新

2

5

6

3

4

7

生出一个似乎旨在“打造旅游文化”亮点公共空间景观，却不惜与本地居民当代生活实情与日常文化需求相疏离。

若从历史主义的视角来看，昔阳县在现代的闻名在于其下的大寨村——在20世纪60～70年代全国政治运动中的特殊角色。人们还记得，由于当年在寻求中国农业发展道路（模式），并在那种大背景下，长期掀起全国性的“农业学大寨”运动。一时间，大寨可谓声震华夏，名扬四海。其间，大寨的普通农民的确以艰苦、顽强和苦干、实干的奋斗精神，硬是向环境恶劣的荒地和贫瘠的乱石沟要粮食，赢得了许多值得回顾和骄傲的历程，形成了难忘的集体记忆。而今，在谈起这段往事的时候，大寨人的心里和脸上依然流露出复杂的情感和某种一言难尽的酸涩。客观上说，当年大寨人苦战穷山恶水，在“七沟八梁一面坡”上自力更生的事迹与精神，即使在当今也依然具有重要的价值意义，但由于其处在特定的历史语境中，最后褪淡于历史的烟云之中。

如果说，视觉景观本当是一个特定而真实生活空间的历史与当下情境的反映的话，那么，当代城乡的景观设计及艺术对于公共空间的介入，首先应该本着尊重特定地区、场域的自然、人文因素的基本原则，进而依据本区域人们的当代生活、交往及发展需求与审美文化情感，进行创造性的“再设计”——在形态和语义上实现某种转换。但这并非对于历史真实景观的仿造和粉饰，也不应该无视当地社会公共生活的客观需求，而制造出一种仅仅是为了满足外来游人猎奇需求的戏剧性景观。人们在昔阳县上城街看到的情形却恰恰是如此，尤其是在离上城街不远的县城广场上，人们看到了“文化大革命时期”大肆宣扬的“忠”字大型景观图像；而同样引人注目的是，就在其边上的大型商业电子屏幕上却不时地放映着国外商业娱乐影像的视觉大餐，似乎一边是严肃而浓烈的政治色彩，一边是有声有色的享乐和商业推广，这些视觉景观元素构成县城中心广场公共景观的文化主题和形式主体。应该说，它与当今时代的大趋势即科学发展及其文化理性是不相协调的。如此视觉景观中所呈现的强烈的政治语义似乎要把人们带回过去的历史情境和记忆之中，从而使得许多来访者均感困惑乃至 “失语”。历史告诉人们，以儒家文化为基础所传扬的“忠孝”文化，在不同的历史文化情境和价值内涵的践行中，将生成不同的社会效应和历史结果。历史告诉人们，背离现代社会民主和宪政理性的盲从，只会酿成更多的历史悲剧。难道这都是为了昔日的大寨县在“文化大革命”时期的那段特殊的“辉煌”经历而新建如此的城镇

8

9

10

11

图 8 沿街商业 4
图 9 新华书店
图 10 随处可见的革命标语
图 11 沿街商业 5
图 12 街区活动的居民
图 13 街区菜场
图 14 文化墙
图 15 街口牌坊
图 16 熙熙攘攘的街道

观，或是再度进行似乎要回到过去的演绎？而这是否与地大多数乡镇居民的日常生活和精神需求发生真实而密的关系？是否真实体现本地区社会文化的公共性、创造和可持续性？如此视觉景观设计项目是由谁来决策，为而建或是为了提供给谁观看的呢？不知当地行政部门和本设计者是如何看待和认识这些问题的。

实际上，一个街区最能够承载和辨识历史与人文内涵应是其遗存的建筑群落。昔阳县上城街的老建筑的样式，本上是属于晚清和民国时期带有本土建筑与未来建筑形元素的结合或折中。这些，我们可从沿街老建筑的屋檐、墙、门楣、门柱及其雨棚的结构和形式上感知其产生的史背景及其经历的社会生活的某些信息。它也是 20 时初期至 60 年代中国北方地区乡镇街区公共建筑的主要式的某种呈现。它记载了那个时期的经济、技术和社会活的信息，具有其朴素、雅致而率真的美感，早已成为地社会及历史经历者的共同记忆。而昔阳县在 2011 年其进行了重新修缮、粉刷和装饰，重在乡镇的视觉“美化”旅游区的“卖点”打造。相当于给原来的街道“洗脸”、]胡子”和“涂粉”，然后在上面想当然地大量搬用“文大革命”时期的政治性图像符号、政治口号和装饰性图案，从而给人以一种“文化大革命”时期政治空间的视觉大秀场的感觉：它既不是此街区历史真实的视觉遗存，因为它并不是原本的历史遗存，不具有考古学或民俗学意义上的图像价值，也不具有街区生活中自然生长出来的当代文化价值。而它们几乎是一夜之间突击描摹和批量仿造出来的概念化的“舞台布景”。这样的街道视觉景观，若仅仅是一次艺术家的自我想象和表现行为，也未尝不可理解，但要使之成为进入公共空间的一种持久性的景观存在，以及作为地区性城镇文化意象的表达，却不得不令人困惑和茫然。在此，人们不禁要问难道经历过十年“文化大革命”的民众包括昔阳人，还需要在当今的公共生活和公共空间中通过模仿和再建“文化大革命”时期的视觉环境而回归或向往那个时代吗？

事实上，公共艺术从来就不是一个纯粹的视觉美学的领域，亦非与权力形态绝缘的领域。而当代城乡公共空间中的艺术建设，恰恰应该关注其社会及文化的价值取向，关注其时代意义和对于公众文化心理建构的精神内涵。这些首先是所在地区政府层面理应予以关切的基本问题。因为这是事关社会公共领域及其文化建设的要事。其实，涉及当代城乡公共景观和艺术创作，昔阳地区的自然、地理、

12

13

14

15

16

图 17 街口壁画
图 18 街区小商业

历史和社会资源具有其历时性和多样性，存有丰富的民俗和民间文化艺术，存有许多值得挖掘和利用的人文和艺术资源，这也是作为传统文化遗产丰厚的山西省所共有的特性，而昔阳不必把自己的景观形态和文化内涵禁锢在“文化大革命”背景下的政治话语及其符号之中。

从一定的意义上来说，公共艺术也是艺术家个人的艺术，因为它的生产或创作是由具体的艺术家及其合作者操持的。因此，介入公共艺术作品创制的艺术家，理所应当对于作品的生成及其价值取向负有某种社会责任，并且作品呈现的价值理念及文化内涵应该与艺术家个人长期形成的艺术观念和理想具有某些逻辑性的关联。然而，在当今中国，却有不少介入公共艺术的艺术家或艺术工作者把政府和社会“埋单”的公共艺术项目作为“行活”，而把公共艺术的品质、格调和价值取向与自我的修为和价值信仰相分离，或仅把做艺术品作为一种生存与赚钱的手段。我们接触到的参与昔阳县城区街道公共景观艺术设计项目的主持和主创者，他的作为和情形即是一个有意味的个案。他是当地成长起来的村镇农民，聪明能干，对于绘画、民歌、说唱乃至当代流行的艺术样式的模仿与学习均有一定的涉猎和造诣，堪称一方能人。其见识和才艺已远远超出了大寨县山沟里的普通农民乃至当地的职业艺术工作者。并且，他还是一位颇有市场意识和运作能力的乡镇企业家，拥有自己的雕塑及装饰工程公司、自己的乡镇画廊。然而，他在创意和制作大量看似具有强烈的政治文化色彩以及推崇“革命”和“唯物主义”内涵的景观艺术的同时，却在自家的办公室里建起了佛堂，每天随时拜佛念经，似乎旨在超度自我，欲脱身于凡俗而嘈杂的现实世界，这不能不让亲见亲历者大感困惑，乃至有些诧异和滑稽感。但是，平心想来似乎也合乎逻辑，艺术家的商业化行为和带有表演性的拜佛行为均是为了达到财富和精神上的自我平衡或社交行为中的某种需要，而内心并没有实质意义上的精神信仰和社会责任的担当。因而，艺术家的内在价值观念与在的行为之间产生了分裂。虽然，似乎我们对于每一位通的艺术家寄予了过多、过高的社会责任和文化创造的求，但毕竟艺术家理应是一个社会及其文化价值的代言

从设计学的视角出发，我们有理由认为“设计”其就是用创造性的方法去解决某些问题。当代城镇景观以公共艺术设计和创作，必然需要对于其自身富有的有价的自然资源、社会资源和人文艺术资源进行悉心的探索维护和转换性的再创造，而不是简单而专断地予以破坏的处理，不应是纯粹的商业化或政治投机的操作，也不是肤浅的视觉美化或某些历史符号的拼凑。否则，我们景观设计和公共艺术就会置于当代文化和城市发展的现性与公共性语境之外，而做着浪费纳税人的钱财且有损公共社会进步的事情。简而言之，中国当代城镇的公共观和公共艺术应该为解决其生活及生产环境的问题、生环境的问题，以及社会审美文化的问题发挥其积极的作尤其是为创造具有文化和审美品质并具有场所亲和力及同感的城镇公共空间而发挥其作用。而非把景观设计和术介入公共空间的方式和目的变成肤浅的表面美化和脱当地文化资源和现实生活需求的纯粹视觉表演。

视觉与景观艺术对于公共空间的介入，其偶然性及造性应该基于其必然性和自在性之上，而非一种想当然自说自话或自娱自乐。也只有这样，我们的城市景观和共艺术建设才能从一种外在的“添加”、“粉饰”、“表真正迈向适应特定自然和社会情境，并善于解决问题的造之路。实际上，城镇景观和公共艺术的是非、成败是要众多的社会公民的舆论参与的，这无论是针对其功能美学性还是其社会性和政治性的评说，其社会效应及文价值也正是在公共舆论的介入下才得以显现和见证的。

构想与建造
——基础教学之建筑装饰

雯、韩冬　　清华大学美术学院

Conception & Construction
— The Basic Tutorial of Architectural Decoration

ng Wen, Han Dong　　Academy of Arts & Design, Tsinghua University

方案的灵感源自中国建筑大门上的门钉。此设计将门钉化
形，并采用等大方形矩阵排布，凸起的顶端采用随机干扰的
重新组织。于是凸起物向四面八方隆起，表现出强烈的向外
的效果（学生：何为）

1

以往，对于建筑装饰的研究多是针对装饰纹样的收集、整理。这固然是一项重要的研究工作，但是隐藏在装饰形态背后的历史、文化和经济背景，以及当时的工艺、技术和当时的人对于材料的态度，同样是装饰形成的原因。回顾距离我们遥远或者不那么遥远的年代，我们会发现材料、工艺与装饰艺术曾经如此紧密地联系在一起，例如，在中国传统建筑中，工作往往是根据材料和工艺进行分类。若希望真正地了解建筑装饰，熟悉材料和与之相关的工艺是必要内容，甚至，应该从材料和工艺入手去进行设计思考。

现代主义建筑师严厉拒绝装饰在设计中出现的一个主要原因是：装饰在大批量生产的环境中是一种浪费行为。但是，在过去的 20 年，技术的发展为装饰回归建筑创造了前所未有的条件。计算机技术使装饰构件的设计、制造、生产、加工和组装逐渐便宜而经济，使各种复杂形态的实现成为可能。同时，设计的思考和实现方式也发生了转化，设计逐渐成为一个整合各种条件的系统工程，包括建筑中的纹样、图案、肌理和造型的实现。

本课程将装饰问题定义为人对于世界的解读方式，而非传统意义的附着于建筑的图案和造型艺术。课程的主要目的是帮助学生思考在数字环境中，设计与技术的关系，

以及设计的实现。课程所关注的重点是设计过程，即如何将构想物(virtual artifact)转化为实体制造物(physical artifact)；如何建立设计语言；如何面对限制条件。在课题训练中，学生将面对两组相互关联的问题——物质性的问题和视觉性的问题，其中物质问题包括结构、组装、材料和加工问题，而视觉问题包括造型、空间、风格等问题。如何平衡这两组问题是本课程对学生所设定的一个挑战。课程的预期效果是，学生在练习过程当中逐渐掌握数字环境中整合性(integrated thinking)的设计思考方式。课题的完成是建立在一系列有步骤的小练习基础之上的。学生通过逐步完成每一个练习，将学习如何建立设计步骤，最终完成设计任务。

课题训练：

练习 1 数字设计和图案

ASSIGNMENT 1：DIGITAL DESIGN AND PATTERN

计算机辅助设计(CAD—Computer Aided Design)是计算机图形学的一个分支，CAD 智能化的发展摒弃了早期使用 Autolisp 编写代码的复杂方式，突破了以 AutoCAD 为代表的电子绘图方式，向着更加智能的关系型数据结构内核发展，并且引入以算法为基础的设计方法。这种方法为建筑装饰中的图案设计开拓了疆域。本练习的目的就是让学生通过学习和使用数字化的设计方法，初步认识算法和图案之间的关系，重新理解建筑装饰重点图案（图 1、图 2）。

在这个练习当中，学生被要求在数字环境中理解和思考图案。不同于学生以往的经验，学生从学习软件开始，重新认识构成图案的因素以及图案的结构，通过反复调整和修正，创造出二维图纸，并考虑图案的加工条件。

步骤提示：

1. 在 AutoCAD 或 Rhino 中绘制图案；
2. 图案需要适合于 8m×4m 的矩形；
3. 记录在绘制过程中遇到的问题和思考的问题；
4. 完成二维图纸和三维渲染图。

作业重点：对图案的理解—运用软件的手段—尺度问题—思考记录。

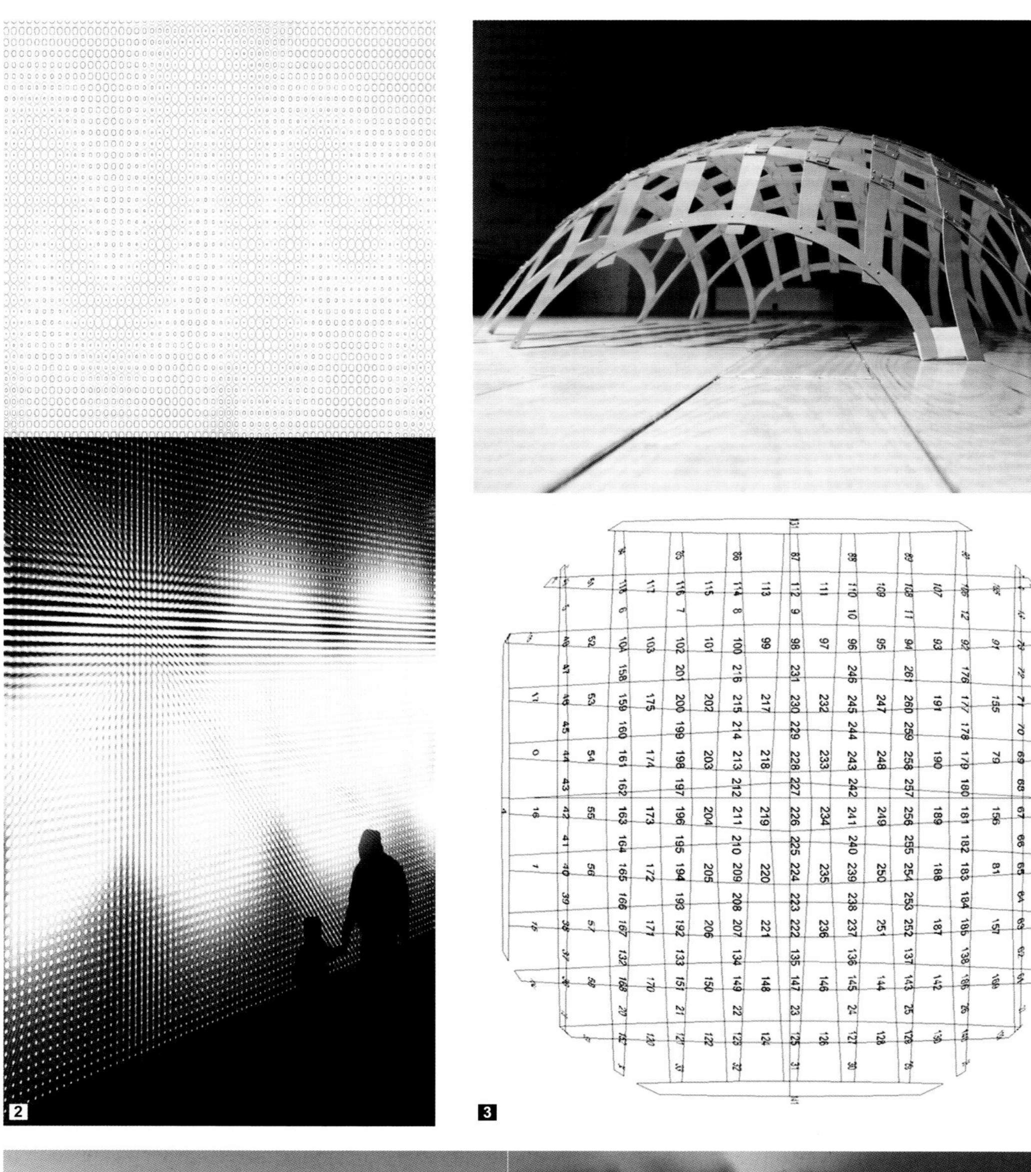

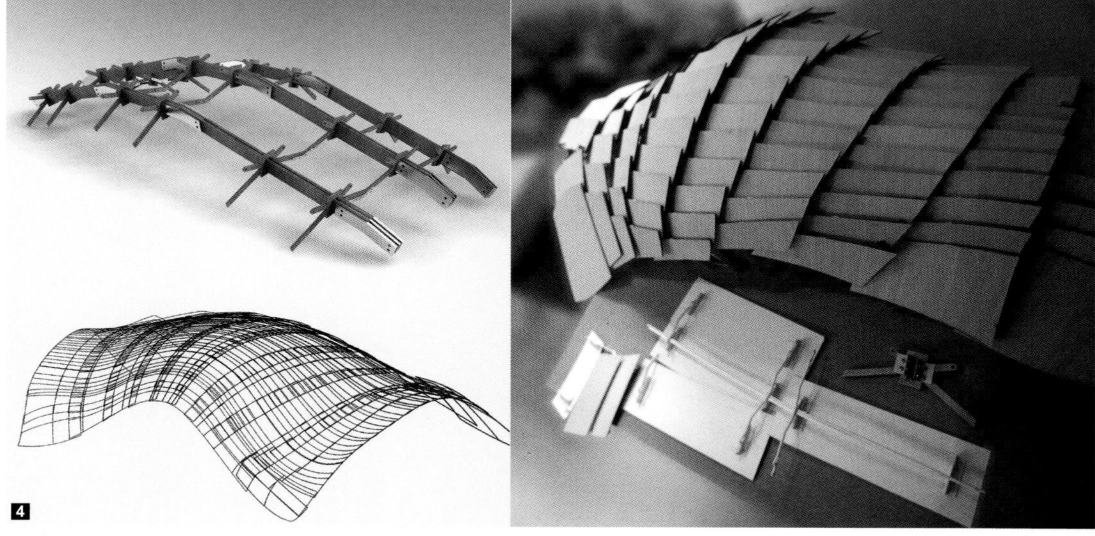

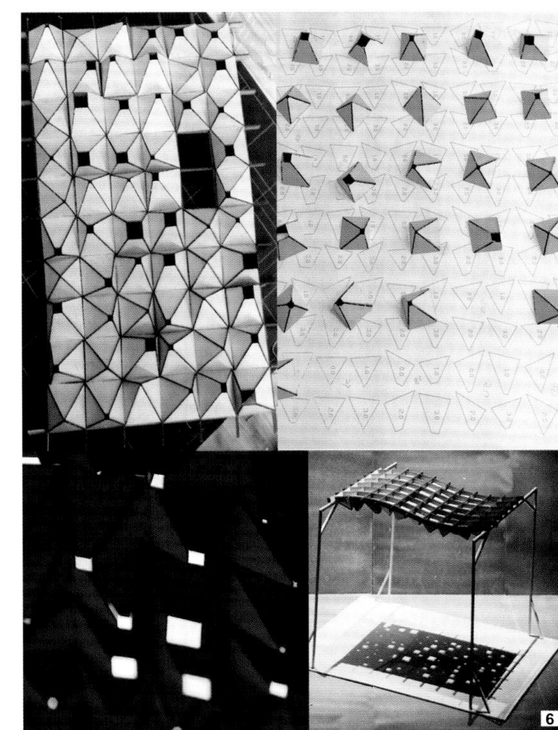

2 在我们的时代里城市居民越来越多，人密度变得越来越大，并且造就了一些封闭的间。用算法设计的思维与手段可以控制构物里的光线，影响人的流动（学生：郑明凯）

3 方案所关注的是图案、形态与结构的统，并在三者之间找到交集，从而将装饰、构、功能的需求都结合到一个方案上。方的最初灵感来自“编织物”，在练习2中，件被分为经纬两组，并分别标注序号，四方向依次相叠，生成形态（学生：郎宇杰）

4 方案试图将图案联系中出现的连续性、序感与重复性运用到空间当中。方案以木梁支撑片状木板，并以此为单体，重复变化，到设计意图（学生：蔡亚群、李博阳、董博、俪珍）

5 在此方案中，建筑的空间体验依赖运动性，方案的意图是弱化建筑构造的实体，造一个只存在光与影的场所。方案中漏斗的构件，附在一个流线型曲面上，在运动能体验到阳光从直射到反射的不同变化（学：谢处中、丁晓玲、曲摩笛、黄润生）

6 出于工艺问题的考虑，大小不一的锥体面改为等大正三角形。锥体的高度和倾斜度控制另一端的开口大小并丰富光的形式层次

7 尺寸深化设计

习2 造型、尺寸和加工生产
SSIGNMENT 2 : FORM, MEASURE & MACHINE

设计不但需要遵从美学规律，还要考虑生产和加工的现。算法设计给设计的发展带来了无限的创新可能，但，加工技术是这种设计方法的关键约束条件，因此，如在数字环境中实现设计方案是这个练习的关键所在。练中学生既要考虑自身方案的视觉效果，同时还要面对之从未涉及的加工问题，以及与之相关的尺寸和尺度问题。练的目的是引导学生思考如何用低技术约束条件来实现数化设计作品（图3～图7）。

步骤提示：

1. 根据设计概念，思考造型的基本单元；
2. 设定基本单元迭代的函数关系式；
3. 在算法设计软件中实验构想结果，记录实验中出现错误或者不同，修正算法，最终与设计概念吻合；
4. 以人的尺度为中心，在三维软件中按比例模拟现实计算模型建造尺寸；
5. 导出加工平面图，送实验室加工；
6. 将零部件组装，并置于现实空间中，再次体会概念、型、算法设计及尺度四者之间的关系。

作业重点：对造型的理解—算法设计的运用—尺度问

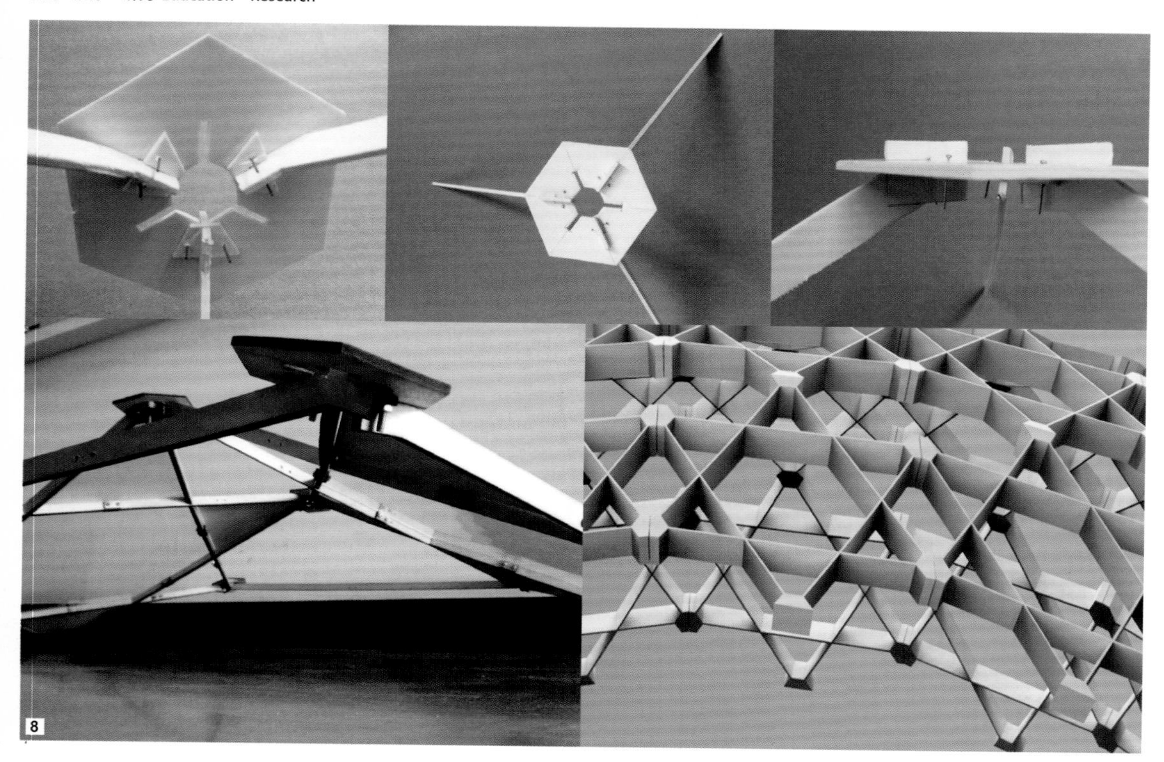

图 8 材料和结构的尝试（学生：郎宇杰）

图 9 连接方式：a—连接构件；b—梁与木板的连接；c—用角铁将两根相同的支架连接，端头与木板连接；d—横梁连接方式；e—横竖构件连接方式。
零部件：1—长横梁；2—短横梁；3、4—支架与横梁连接 2 个；5—横梁连接构件；6—支架连接件；7—木板与支架连接件 1；8—木板与支架连接件 2；9—螺钉；10—螺母

图 10、图 11 练习 3 设计方案的深化、加工过程和模型细部照片（图 10 学生：蔡亚群、李博阳、董博、申御珍；图 11 学生：谢处中、丁晓玲、曲摩笛、黄润生）

题一思考记录。

练习 3 材料和结构

ASSIGNMENT 3 : MATRIAL AND SRUCTURE

设计师对于材料所表现出来的兴趣的根本原因，是对于物质世界正在发生的变化的回应。一方面计算机技术提供了新材料的生产机会，改变了材料的特性和外貌特征；另一方面，设计师和建筑师对于材料新的兴趣是希望用新的物质化的方式去再现和阐述我们所处的这个物质概念转型的时代。

在这个练习中，学生被要求通过材料来检验他们的设计。这是一个双向的过程，一方面材料的植入会影响和改变设计，另一方面学生需要根据设计考虑所选择的材料。同时 1 ： 10 的模型制作将帮助学生思考自身设计的结构问题（图 8 ～图 13）。

步骤提示：

1. 从前面的作业（练习 1、2）中选取 1 个方案，作为练习 3 的方案，使用真实材料进行物质化试验；

2. 以 3 ～ 4 人为小组，对方案进行讨论和深化；

3. 尝试使用不同的材料表现同一个方案；

4. 注意记录各种材料试验时遇到的问题，以及解决问题的思路；

5. 提交的模型应该是完成品，而不是试验中的半成品。

作业重点：对材料的理解和试验—构件和结构的特征—工艺品质—思考记录。

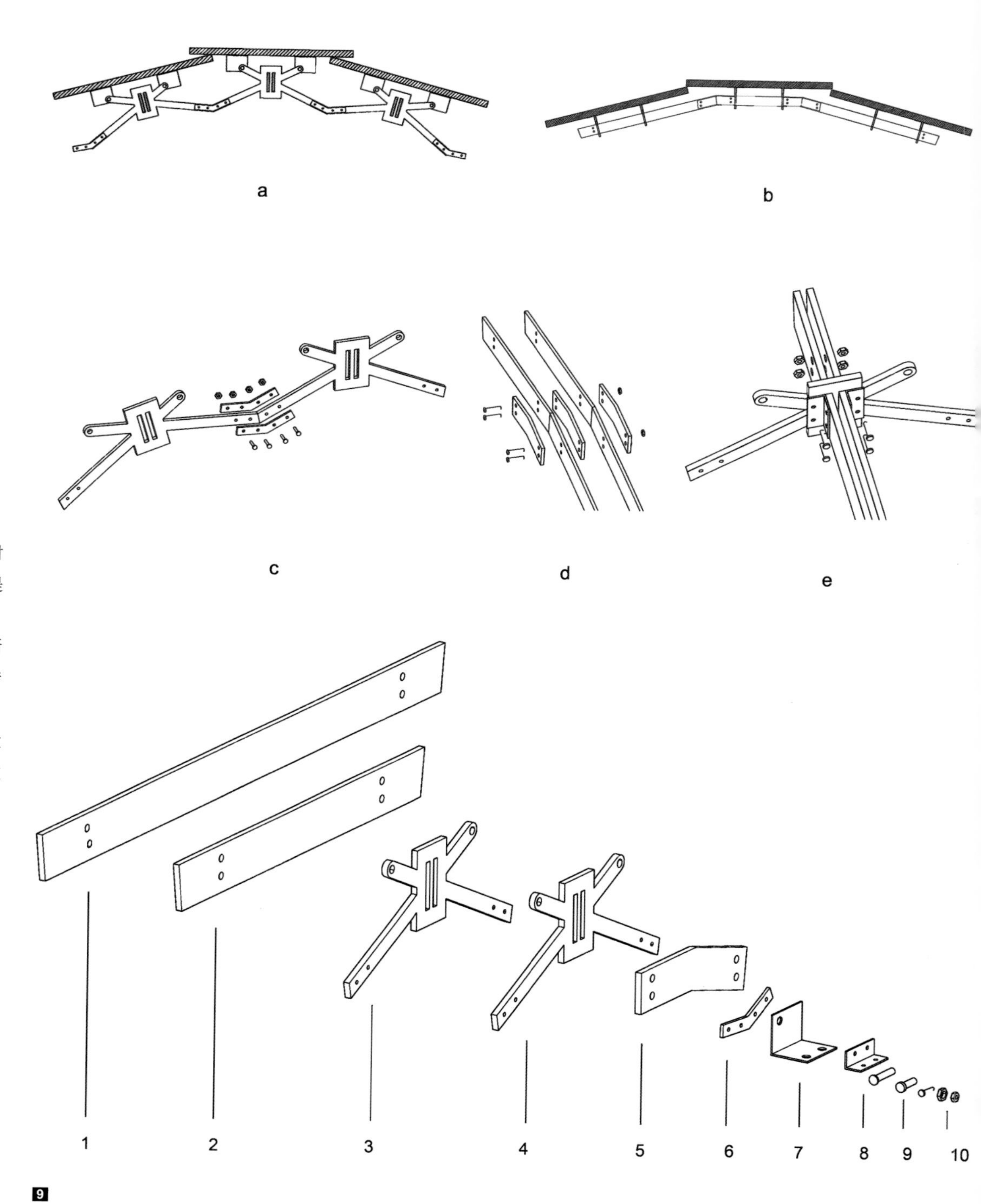

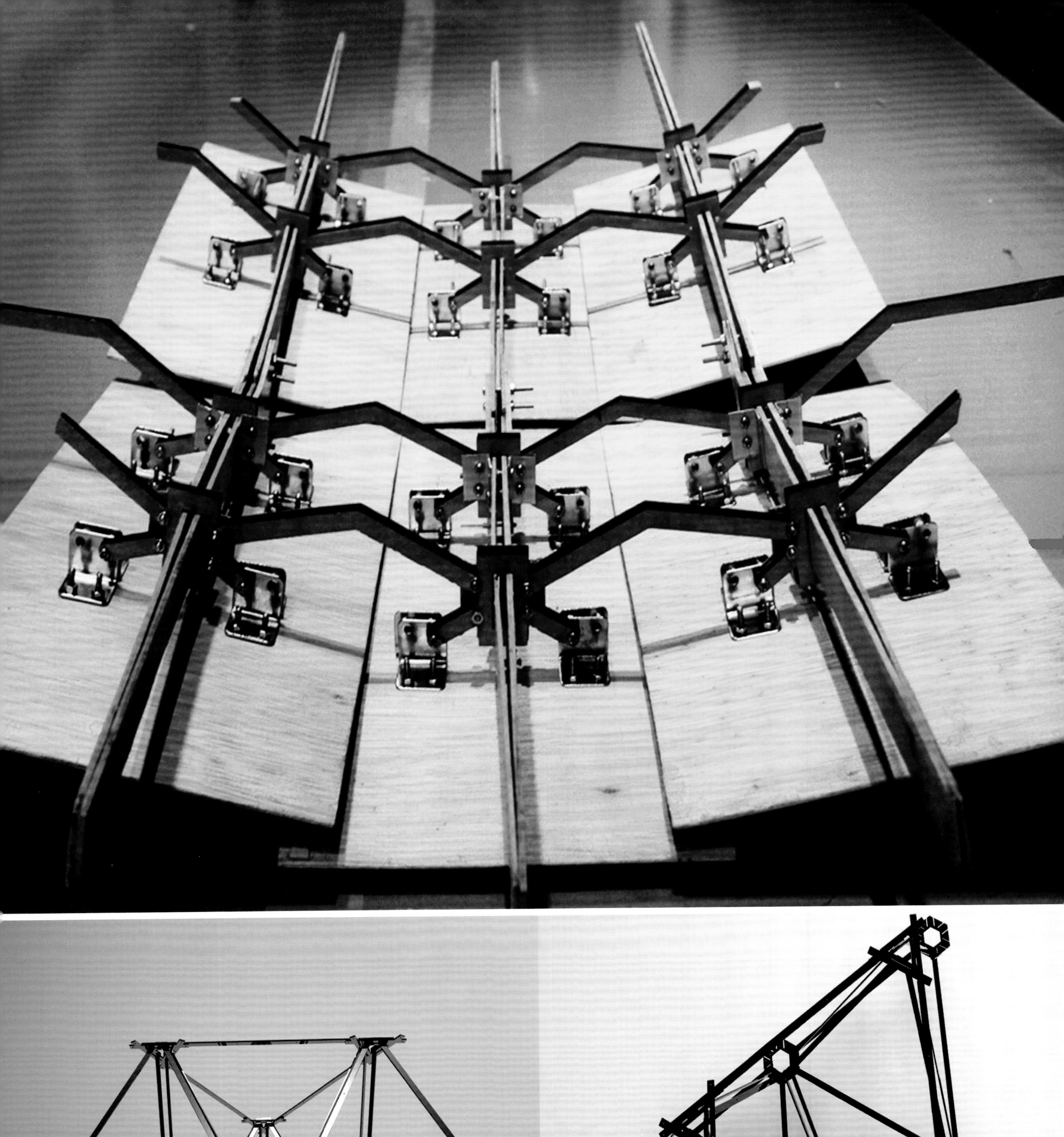

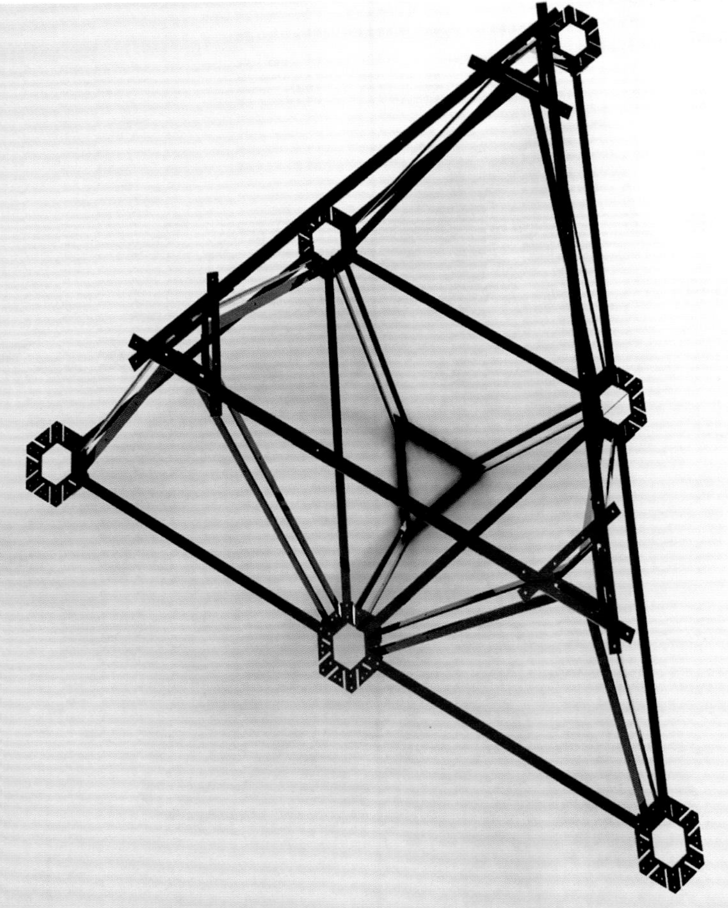

最终成果
FINAL

学生被要求对之前的练习成果进行总结，创造一个体验环境。与传统的设计方法相反，学生将从已有细部方案、造型、加工方式和结构考虑入手，重新分析、平衡物质性和视觉性这两组问题，完成从构想物（virtual artifact）到实体建造物（physical artifact）的转化过程 。

步骤提示：

1. 仔细观察之前练习所得到的成果，接受感觉带来的偶然性，提出的概念。

2. 用简短但具体的语言描述你的设计。在设计中探索和思考了什么问题？为什么如此制作这个设计方案？构造和材料的自身系统与语法是什么？

3. 清晰地描述期望的效果，关注方案的概念，以及由此而带来的空间现象。

4. 描述出研究的各种细节，细致的程度以别人可以根据描述复制设计方案为标准，包括以下几项。

a）模型—明确再现形态生成的过程。犀牛软件的使用，表面的生成，参数化制造等内容。

b）组成—组成部分的尺寸、材料、数量等。

c）设计—将设计描述清楚，并清晰描述设计单元之间的组合关系。

d）步骤—总结课程中每个过程所遇到的问题，并尝试解释如何看待和解决这些问题。

作业重点： 构想物到实体制造物的转化。

小结

与其他设计问题一样，装饰实际上是设计师解读世界的表达，如何在当代的语境中重新认识和理解装饰是我们向学生提出的一个问题。课程选择了算法设计作为课程的主导设计方法，目的是帮助学生从另一个角度去观察、思考一些传统设计问题，例如图案、造型等，从而使学生摆脱对于这些问题的习惯性思维。在课程总结中，学生写道：

“古代工匠和艺术家以植物、动物以及其他自然纹样为主要装饰题材，后来随着时代的改变装饰不断演变。我认为这并不代表人类对装饰有本质上的态度改变，而是这个改变代表了人类对美的一个更明确的认识。我们所理解的美实际上在两个极端之间：一个是在混乱的环境中具有模数化的因素，另一个是在模数化的环境中破坏这个模数的因素。”

这段稍带武断而稚嫩的文字是学生独立思考的结果。在我们的教学中，永远没有唯一的答案，学生需要不断地提问、回答、倾听自己，在众多的知识点中寻找它们之间的关联，触类旁通，继续向四周或纵深扩展。这是我们教学的初衷。

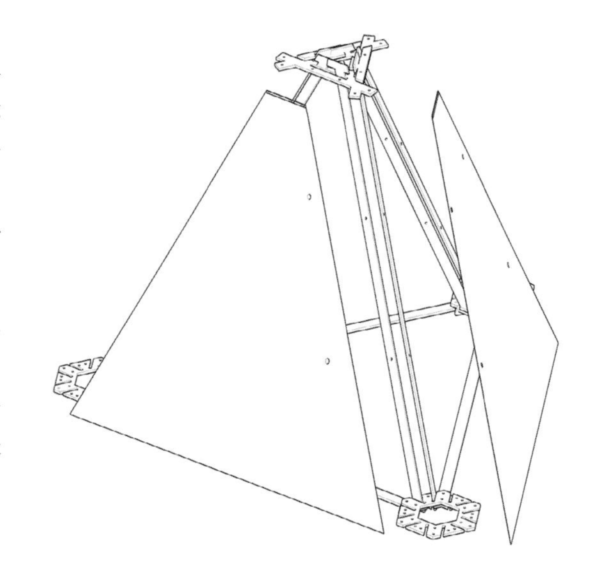
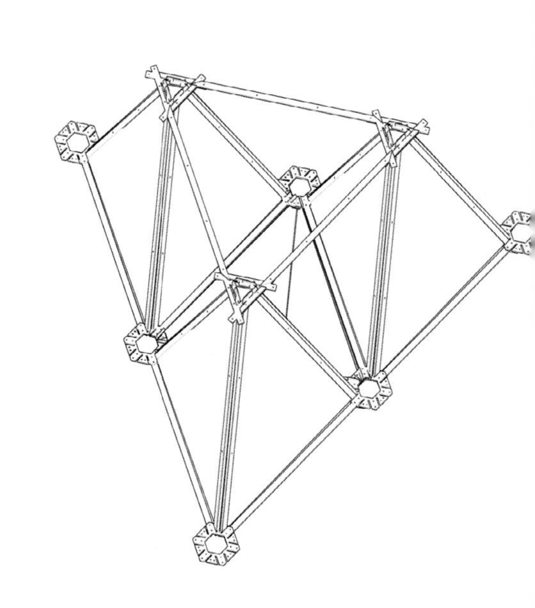
12

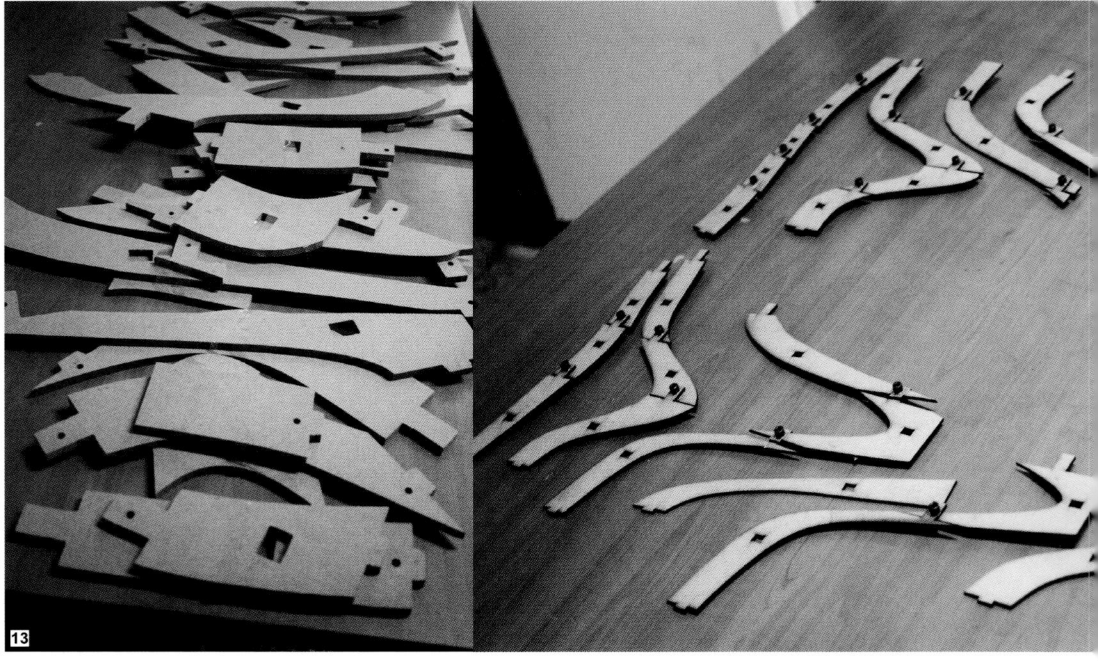
13

14

图 12 ～图 14 练习 3 设计方案的深化、加工过程和模型细部照片（图 12 学生：谢处中、丁晓玲、曲摩笛、黄润生；图 13 学生：甘子轩；图 14 学生：蔡亚群、李博阳、董博、申御珍）

图 15 ～图 18 课程结束后在学院楼道的小展览

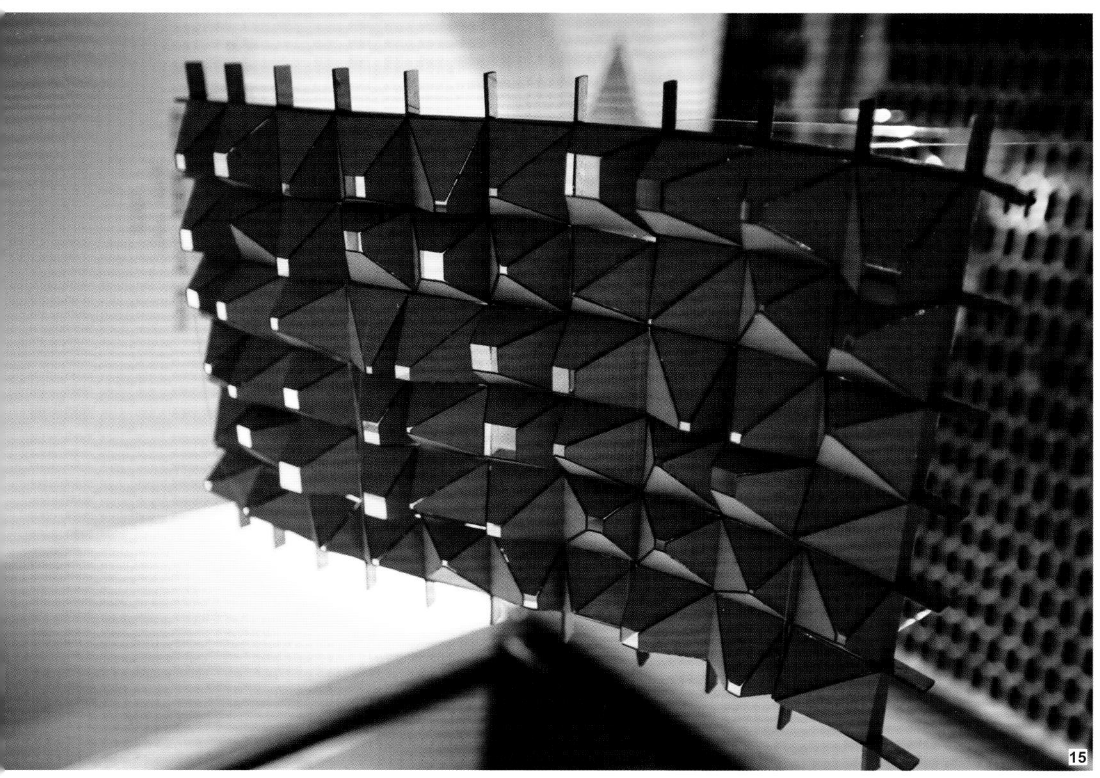

15

16

17

18

主观介入客体
——从现象学出发的古建筑测绘课程教学新探索

何崴、周宇舫　　中央美术学院建筑学院

Intervene in the Object Subjectively
— New Exploration on Teaching of Ancient Architecture Mapping Course Basing on Phenomenology

He Wei, Zhou Yufang　　College of Architecture, Central Academy of Fine Art

本文从中央美术学院建筑学院古建筑测绘课程入手，
以建筑现象学为理论基础，
通过对教学中实验性方法的论述，
探讨一种不同于传统测绘的课程的，
新的观察和分析古建筑问题的方法

背景和理论依据

古建筑测绘课程是中国高校建筑专业的必修课程，课的主要目的是学习古建筑测绘的方法，如何测量，如何制、整理测稿等；当然课程也希望通过测绘的方式，使生了解古典建筑的基本知识，如空间逻辑、结构构造、格和装饰手法等内容。在笔者看来，对于传统的测绘课来说，前者的重要性远大于后者，这也就造成了一个现，即测绘对象并不重要，测绘的过程是本课程的主要内。此外，由于课程的目的更多的是强调方法的学习，并调对观测对象的准确、客观的呈现，因此观察者的主观则被要求最大限度地降低。

这种"去主观性"的研究方法对于古建保护研究者来是非常合适的，但对于广义的建筑学学生来说，就显得于僵硬，缺少可以引发思考和创造性的契机。

近年来，随着西方哲学理论的介绍，主观性在客体认过程中的作用受到了中国建筑界的广泛重视，其中以胡尔的现象学理论最为重要。胡塞尔认为考察、描述和理现象的方法概括起来说就是：凭借直觉从现象中直接发本质，其中的现象、本质和直觉这三个概念在这里具有定的含义。现象是呈现在人们意识中的一切东西，其中既有感觉经验，又有一般概念。现象的背后还是现象，并不存在自主的实体，因为实体在现象学中也是意识活动的产物。所以，现象是实体和构造实体意识组成的整体；本质也是现象，只不过是更为一般和纯粹的现象。这种现象不仅去掉了经验的成分，而且也不含有歪曲和虚假的成分，因而具有普遍的意义。从现象中发现本质需要凭借直觉，而不能以任何预先的假定为前提；直觉，就是"看"或"领会"，意味着观察者要直接面对事物本身，对所意识到的现象和本质进行完整和准确的描述。因此，从现象中发现本质的方法实际上是一个意识活动的过程。

胡塞尔的理论在建筑界也有很大的影响，诺伯特・舒尔茨在《场所精神——迈向建筑现象学》一书中，把空间分为自然的空间、感知的空间、存在的空间、认知的空间和抽象的空间。其中自然的空间是实用的，为人和环境的统一体；感知的空间是自我的中心；存在的空间属于社会和文化的整体；认知空间是建筑空间；抽象的空间是美学理论意义上的空间。其中除了物理性的空间外，诺伯特・舒尔茨特别强调了自我感知对空间的重要性，也就是所谓的"场所性"。

北京大学的王昀更在现象学的基础上提出了自己对于聚落和乡土建筑研究的方法，他在《向世界聚落学习》一书中提到："聚落研究的过程，实际上是一个'直观'的过程。而这里我所说的'直观'，并不是指调查者一定要分析出来很多聚落中的所谓人文或历史意义，而是以一个建筑师，或者说以将来准备从事建筑设计的人的观点对于聚落进行观察。"在这里，王昀所主张的"意识活动"无疑是一种建筑师身份的意识活动，它不同于历史学者的意识，也不是文物保护者的视角。

无疑，胡塞尔的现象学基本理论，以及由此引发的一系列关于观察、感知方法的论述为我们的教学提供了

图 1 三维扫描图像，建筑物和人呈现出一种同质化的意象性，暗示了空间场所中物质和人的同等重要性

图 2 广场空间模型，利用切片来表达物质元素和人的参与

理论的依据和启发。因此我们在本次古建筑测绘课程教学中除了坚持对表象的客观记录外，还特别强调引入主观性的因素，即希望学生带着自己的“意识”去观察、认知现象，并最终对客体进行带有主观性的“再呈现”（representing）。

二、教学介绍

按照中央美术学院的传统，每年的四月份有两周的“下乡”采风课程，建筑学院的古建筑测绘课程就被安排在此期间。基于上文所提到的思考，我们对本次测绘课程进行了调整。

首先，是测绘对象。我们没有选择往年常去的测绘地点山西，而是选择了福建厦门鼓浪屿和漳州土楼地区。山西的古建筑虽然精美，但在我们看来其严谨的营造法式很容易使学生重新陷入对客体的临摹状态；相反，无论是鼓浪屿还是土楼都可以为主观意识留出足够的空间。

鼓浪屿位于福建厦门市，作为中国最早的通商开放口岸，鼓浪屿一直给人一种虽在中国，但又不似在中国的感觉。无论是建筑风格，还是场所精神，鼓浪屿都具有一种独特的中西混合的味道。适中的尺度、蜿蜒的道路，配以大大小小的广场，使鼓浪屿成为中国城市中不可多得的有城市场所精神的地点。

土楼则是中国地域性建筑的代表。土楼主要分布在南、粤北地区，是客家人、闽南人的传统民居，而漳州是福建土楼最集中的地区。此次土楼考察我们主要锁定南靖和平和两县。南靖的土楼以规模大、规格高、保存好著称，现在已经大量地开发旅游。在这里，我们主要用了参观的方式，“走马观花”地让学生们对完好的土有一个总体的印象。与之不同，平和的土楼更平民化、生态，因为还没有被开发，所以平和的土楼更真实，也现出从壮年到暮年的所有状态，这对于我们了解土楼的“我”具有非常重要的价值。在平和，我们要求同学对土进行观察和测绘，希望通过近距离的接触，了解土楼的筑逻辑和形式背后的社会逻辑。

其次，是命题设定。在研究了传统测绘的方法后，其基础上，我们对认知和记录的过程提出了附加设定。们希望学生们在如实记录的同时要着重对精神性的把握透过现象思考表象背后的原因和逻辑。

在鼓浪屿，我们强调人对城市空间的场所性认知，望学生们能通过自己的“在场”，体会物质空间和精

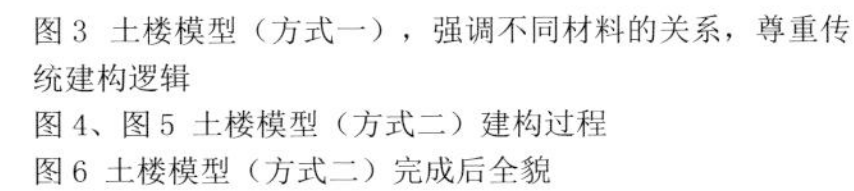
图3 土楼模型（方式一），强调不同材料的关系，尊重传统建构逻辑
图4、图5 土楼模型（方式二）建构过程
图6 土楼模型（方式二）完成后全貌

3

4

5

6

的关系。因此，我们要求学生不仅要对物理空间和物体亍测绘，还要观察和记录空间中人的行为，特别是人群、流与物理空间的互动关系。在我们看来从空间到场所的变，人的因素起着关键性的作用。因此，对于城市空间观察而言，缺少了作为空间“主人”的使用者的研究是合当的。这也是此次课程研究中不同于传统古建测绘的点之一。

对于土楼，我们则强调对建筑本体，空间逻辑，以及所携带的社会学、文化意义的挖掘。土楼是中国传统民中极具特色的一种，主体结构为生土夯造，辅以木材和瓦；建筑形态对外呈强烈的防御性，对内则表达为等距向心性。典型的土楼为对称结构，有一条明显的轴线贯入口和代表宗族关系的祠堂（有时候祠堂也可以兼作私）。大型土楼的祠堂一般位于土楼内院的中央；规模小土楼，祠堂则多在入口对面。土楼的居住单元平均地分在周边，户内空间以垂直方式布局，首层一般为厨房，二、层为居住，四层为储物（也有二层为储物，三、四层为住的情况）。交通体系既有户内的垂直楼梯，也有公共直交通和各层的水平交通——环廊。这样的空间形态表了以血缘为纽带的宗族关系的内在逻辑，因此我们希望生们对于土楼的研究不要停留在将其视为构筑物的观念而应该将其视作一种仍然活着的生命来思考。

最后，是表达方式。表达一直是美术学院的优势，我也继承了这个优良传统。在测绘过程中，我们要求学生研究对象进行尺寸实测、照相、速写记录，以及三维空扫描，这些获得研究对象实际数据的手段将成为后一步作的基础。在此基础上，学生们将绘制测绘图纸。同时，门还要求学生设法进行带有主观性的“表现”。这种表不同于客观地再现，而是经过思考，有选择性地再呈现过程。

在鼓浪屿城市空间的表现中，我们强调了人的“在场性”，并引入表现性模型的手法。在日光岩广场的模型中，同学们将实际的物理空间和观察者眼中的感知空间进行重叠，再现了一个物理真实和感知真实之间的叠影，非常具有启发性。对天主教堂前广场的表现，受到三维空间扫描图像中“人—物同质性”的启发，同学们将物理空间实物和人的行为用不同的切片来表现：固定的切片用于表达物质层面的存在；可以活动的手绘影像的切片用于表现不同时间、不同事件中的人的行为。显然，在这里“表现”不是结论，而是发现的过程。

对于土楼的表现，我们使用了三维计算机模型和实物模型的方法。在我们看来，用生土“还原”土楼的建构过程是了解土楼建筑最好的方式。两组同学分别对不同的土楼进行了模型创作，也采用了不同的态度和方式。第一组尊重传统的建构逻辑，着重研究材料之间的关系，所得的结果体现了原生态建构过程的精神。另一组则是通过现代设计工具——计算机软件建模，对研究对象进行完整和理性化，并采用模具手段，以1/8的圆弧为单元，用CNC切割，制作了模具；用真实的材料，借助模具夯土成形，再进行结构和建筑元素的搭建。前者是对传统建造智慧的体验，而后者则体现了在当代数字技术环境下，传统建构文化的可能性，体验的是传统建构文化的智慧，而非验证表面的知识。

在使用建筑化表现方式的同时，我们也引入戏剧性的叙事手段。在五凤楼的剖面表现中，学生们创造性地将历史上的人物及其行为和测绘剖面相结合，表达了一种穿越性的思考。此外，一组同学还拍摄并剪辑了一部长达20分钟的影片《东歪西斜》。这部既带有纪录片手法，又有当代艺术色彩的影片由两个平行的观察视角同步展开，描述了在经济大潮冲击下的土楼及其使用者的生活和思考。

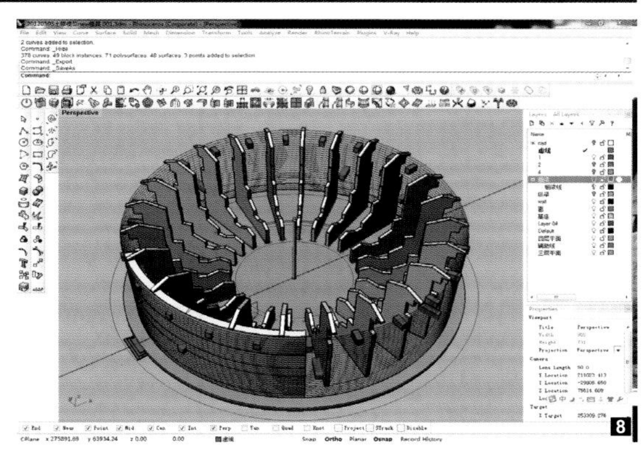

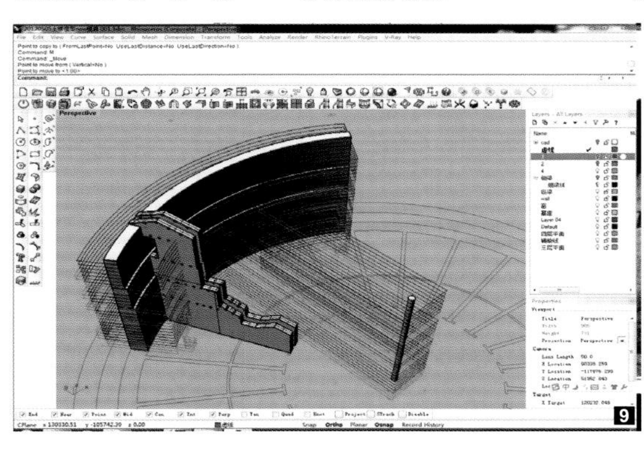

图7 五凤楼剖面

图8、图9 土楼模型（方式二），运用计算机三维模型来生成模具形式

三、成果展览

在教学成果的基础上，我们策划了一个展览，先后在学校和社会上展出，也参加了 2012 年“北京国际设计周”的“设计之旅”单元；此外，展览中的一部分作品还被选入由文化部主办，方振宁策展，“中德文化年”展览项目“中国建筑 100”，远赴德国曼海姆 REM 博物馆展览。

对于这个教学成果展览，我们将之命名为：“相坔，一个场域的再呈现过程”。其中“坔”（同地）是场所，是被观察的客体；“坔”由水和土组成，很形象地表达了展览的内容。正如策展说明中所述：“鼓浪屿代表了一种‘水’的文化，这种水文化不仅表现在地理区位上，更表现在文化场域上。……而土楼则代表了‘土’的文化。这种‘土’文化首先可以从材料上解释：首先，土楼的主体为夯土建筑，土贯穿了土楼的整个生命周期，可谓‘生于土，逝于土’；其次，‘土’文化更是一种乡土文化，土楼作为客家人的传统居住形式，不仅代表了一种本土性的建筑原型，也承载着一种本土性的生活伦理。”

而“相”有观察和现象的意思，代表了我们对待观察客体的一种态度。它是过程，也是结果，它既是主观的勘查、判断，也是有选择的再呈现。

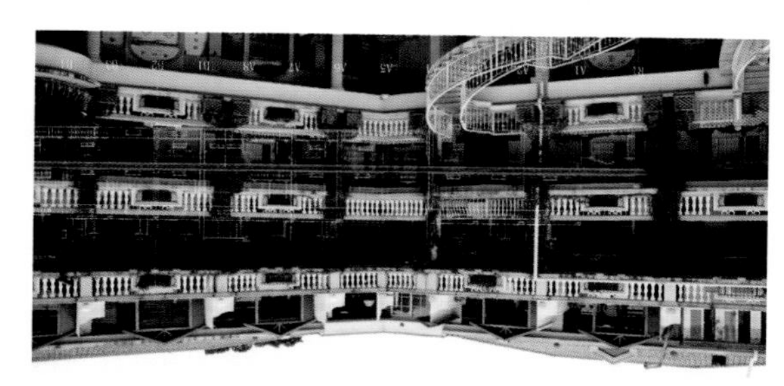

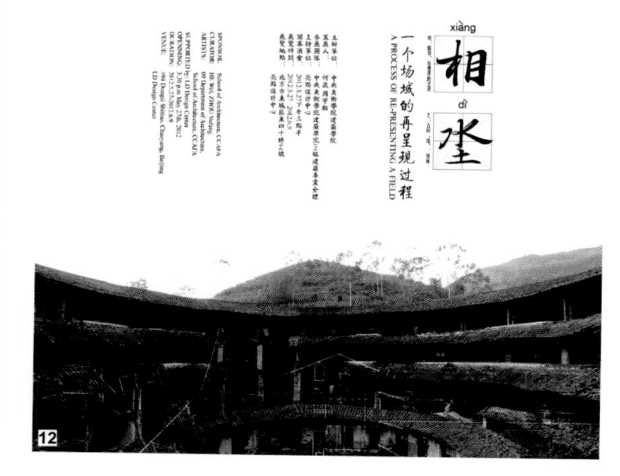

图 10 “相坔，一个场域的再呈现过程”展览现场
图 11 影片《东歪西斜》部分内容截图
图 12 “相坔，一个场域的再呈现过程”展览海报

“游戏之间”
——2012 中印“广州—孟买”城市设计实验工作坊

王 铭 广州美术学院
季铁男 广州美术学院
Sonal Sundararajan 印度 KRVIA 建筑学院

Game in Between
—China & India "Guangzhou & Mumbai" Urban Design Experimental Workshop 2012

Wang Ge Guangzhou Academy of Fine Arts
Chi Ti-Nan Guangzhou Academy of Fine Arts
Sonal Sundararajan Kamla Raheja Vidyanidhi Institute of Architecture

图 1 展厅模型搭建 1

一、工作坊背景

早在2009年，广州美术学院和印度KRVIA建筑学(Kamla Raheja Vidyanidhi Institute of Architecture)开始以研究亚洲大都市为主题开展联合课题研究和教学流。

印度KRVIA建筑学院是一所非常特别、并享有国际誉的学院，在教学理念和组织上与国内美院的特点有契合的地方。在全球化的背景下，这样一种来自中国和度两个古老、发展中的国度的专业合作，对于“面对当城市问题的新方法”的实验与探索具有特别的意义。

本次活动除广州美术学院建筑与环境艺术设计学（以下简称“GAFA”）和印度KRVIA建筑学院（以下简“KRVIA”）外，还荣幸地邀请到四川美术学院建筑艺术系下简称“SIFA”）、上海大学美术学院建筑系（以下简“SHU”）师生共同参与中印联合城市设计实验工作坊。校师生以“游戏之间”为命题，分别于2012年11月到11月10日在中国广州，2012年12月18日到12月日在印度孟买进行城市设计实验比较研究。

图2 展厅模型搭建2
图3 基地教学工作

图 4 中印 2012“游戏之间”广州工作坊城市设计实验展海报
图 5 广州基地位置和各组选题
图 6、图 7 中印 2012“游戏之间”广州工作坊城市设计实验展开展
图 8 现场专家交流（从右至左分别是：何健翔、沈康、黄耘、王海松、季铁男、杨一丁）
图 9 现场专家交流

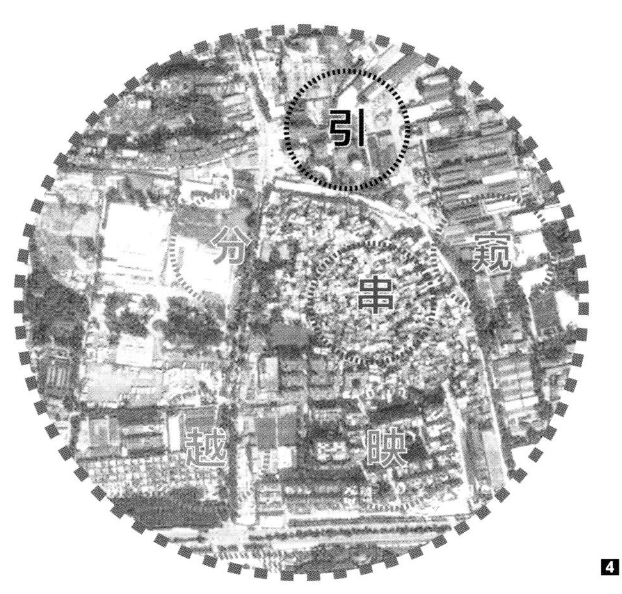

4

5

6

7

8

9

二、研究方式与创新

1. 广州与孟买

此次被选做研究基地是广州和孟买。毋庸置疑，它们都被认为是当今全球关注的两个发生重大转型中的巨型城市。它们各自拥有悠久而复杂的历史，同时都在城市化道路上面对不同文化碎片交叠在一起形成的各种城市问题。另一方面它们又各自拥有截然不同的生活、文化、信仰、社会体制，也采取了完全不同的方式来处理当代城市问题。作为来自两个国家的师生共同在一起，如何解读两个城市的共性与特性？如何评价两个城市当下的复杂性与矛盾性？是基地所带来的特殊意义。

2. 城市设计实验

此次工作坊我们特意取了“城市设计实验”这么一个名字，尝试说明城市设计这个概念是具有实验性的，也是关于我们艺术类建筑院校如何开展城市设计实验的一次观念表达。所谓“实验”，即是走入基地进行足尺试验，而不仅仅是在图纸上画图。这种试验可以让设计师在现场实际的环境中与当地人互动，互动之下设计师们得到对城市问题的看法，同时也是展开研究工作的方法。这个方法似乎更适合我们现在的环境，同时也是现在大家尝试去找的一个方向。在建筑与环境设计这个领域我们要找到一个更明确的方向，这是一个很重要的方式。所以我们在过程中跟同学在尝试做这个工作。这个工作是有些随机性的，没有一个固定的方向，同学一直在摸索，尝试找出方式，大家通过互相交流，慢慢地有了清晰的方向，这也正是实验的意义所在。

3. 游戏之间

此次工作坊的主题是希望研究能够区别于传统红线区间作业的习惯，让研究在“之间”的概念上去展开，去寻找在区域与区域之间那些比较消极的定性的空间，去探讨这个空间之间、区域之间的关系，去营造“之间”的一些可能性。我们提倡各校际背景的学生合作，针对当下复杂的都市课题，超越习惯的规划和设计模式，以达成重视地景特性、更具善意的设计目标，设计成果可能是规划、景观、建筑设计抑或某些装置和设施，又或者是公共艺术活动的设计，这些也是我们鼓励的方向。尝试寻找属于城市策略的第三条道路——以最微小的建设程度，精微、精巧、精准的设计，实现环境的改善。方式可能是微尺度的、柔软的、策略性的、局部的……

三、广州部分

1. 活动介绍

本次活动于 2012 年 11 月 1 日到 11 月 10 日，在广州举行。我们选择了以广州程界村及其周边区域这一典型珠江三角洲城中村为案例，展开城市设计研究。此次工作将重心放在城、村、江、厂的边界地带上，找寻区域之间的关系。我们提倡各校际背景的学生合作，针对当下复杂的都市课题，以有别于习惯性的宏观视野，从微观的角度入手；同时寻求恰当的设计途径，依据现实条件提出具体可行的微尺度建议方案，以促进城市环境的改良。

广州十日工作坊分为三大部分：

第一部分（第 1 ～ 5 日）是关于现场试验的影像记录；

第二部分（第 6 ～ 9 日）是 1/5 的表达场地关系和加入设计观念的草模型；

第三部分（第 10 日）是成果展示与交流。

10

11

作品解析

(1)方案 ——"窥"

设计围绕玻璃厂和红砖厂之间的巷道展开讨论，在巷原本封闭的围墙上加入镂空、遮挡、断裂的设计策略，强化区域内外的看与被看的关系，丰富原本单调的空间。谓之"窥"。

小组成员

志磊	广州美术学院建筑与环境艺术设计学院
璐	广州美术学院建筑与环境艺术设计学院
嘉仪	广州美术学院建筑与环境艺术设计学院
佩锦	四川美术学院建筑艺术系
薇薇	四川美术学院建筑艺术系

(2)方案 ——"分"

设计围绕天河 CBD、员村和程界村之间的地铁站广场展开讨论，在纷繁的场地中加入一系列互动城市家具设计，满足不同人群的活动需求，以营造更有序的场所空间。谓之"分"。

小组成员

王骁夏	上海大学美术学院建筑系
迟博辰	上海大学美术学院建筑系
Arushi Bansal	印度 KRVIA 建筑学院
Sonal Pagdhare	印度 KRVIA 建筑学院

12

13

图 10 "窥"的草模型
图 11 "分"的草模型
图 12 "串"的草模型
图 13 "映"的草模型

图 14 “引”的草模型
图 15 “越”的草模型
图 16～图 19 印度 KRVIA 建筑学院交流过程

（3）方案——“串”

设计围绕程界村、红砖厂、地铁站和玻璃厂之间的十字路口展开讨论，在三角地带加入一个连续的管道构筑物设计，来联系各区域间的各种功能，同时起到导识系统的作用。谓之“串”。

小组成员

侯月川　广州美术学院建筑与环境艺术设计学院
张开聪　四川美术学院建筑艺术系
尹玖玲　四川美术学院建筑艺术系
刘晓婵　四川美术学院建筑艺术系

（4）方案——“映”

设计围绕李氏宗祠和公园之间的三角地带展开讨论，在人群聚集的树林中加入一个镜面的覆盖装置设计，通过与湖面的相互映衬，增加一种颠倒的视觉趣味体验。谓之“映”。

小组成员

苏雅琪　广州美术学院建筑与环境艺术设计学院
张梓卉　广州美术学院建筑与环境艺术设计学院
Surbhi Gite　印度 KRVIA 建筑学院
Amalia Gonsalvis　印度 KRVIA 建筑学院
Tanvi Kore　印度 KRVIA 建筑学院

（5）方案——“越”

设计围绕程界村与员村之间的围墙与人行道展开讨论，在狭长的空间中加入一个激光光束装置设计，通过营造虚拟的围合强化不同功能空间的界线，带给行人更明确的空间穿越感受。

小组成员

谭敬之　四川美术学院建筑艺术系
刘可昕　四川美术学院建筑艺术系
Tarjani Doshi　印度 KRVIA 建筑学院
Manasi Marakna　印度 KRVIA 建筑学院

（6）方案——“引”

设计围绕员村宅基地之间的夹缝道路展开讨论，在典型的“一线天”空间中加入对路边开门位置的提示性设计，使行人注意到潜在的安全隐患。谓之“引”。

小组成员

梁辰　广州美术学院建筑与环境艺术设计学院
赵恺颖　广州美术学院建筑与环境艺术设计学院
周晨橙　广州美术学院建筑与环境艺术设计学院
翟文婷　广州美术学院建筑与环境艺术设计学院
谢倩　广州美术学院建筑与环境艺术设计学院

、孟买工作坊内容

1. 活动介绍

本次活动于 2012 年 12 月 18 日到 12 月 25 日，在买举行。我们选择了 Bandra 区域展开城市设计研究。dra 区域位于孟买的旧城中心，从 17 世纪后期到现在，个场所为了适应新的需求，已经被作了大规模的结构调和更换。在这个区域里有海岸、渔村，附近的市场、贫窟、传统社区、新高档社区、火车站等。在这里我们也看到一些有趣的基础设施的介入，如步行天桥和新的体现了空间是如何通过居民、上班族、办公室人士在常的基础上协调的。通过 7 天的工作坊活动我们会寻找域之间那些被遗留的、被经过的、被遗忘的、被忽视的市的地带，作出微尺度的设计回应。

2. 作业简介

）The Sky Walk 小组

Skywalk 建造的目的是方便上班族穿过复杂凌乱的贫窟、火车站直达新兴商务区。天桥只是人们匆忙通行的廊，也许人们不曾注意到这走廊两边破碎却在混乱中有序的贫民生活。通过对中国园林中“穿行、游走”概念抽象形式提取，运用拼贴、涂鸦的方式，一方面展示中学生作为外来者对于这种前所未见的城市模式的看法和同，另一方面展示印度学生对于自己家园的憧憬和寄望。置在天桥上的展览装置可以让人们重新对自己所处的周环境有新的认识。

组成员

晨橙	广州美术学院建筑与环境艺术设计学院
艺凡	广州美术学院建筑与环境艺术设计学院
著	广州美术学院建筑与环境艺术设计学院
ir	印度 KRVIA 建筑学院
a	印度 KRVIA 建筑学院
ali	印度 KRVIA 建筑学院
un	印度 KRVIA 建筑学院
pen	印度 KRVIA 建筑学院

0、图 21 Skywalk 小组概念模型
2 孟买 Skywalk 现状
3 Skywalk 小组概念模型

（2）Chimbai Village 组

本组基地（Chimbai Village）位于孟买市中心。基地为城市中心的渔村，周边为建成区。此处依然保持“渔业”生产模式与“自给自足”的生产关系，堪称“城市中的乡村标本”。在与当地居民的交流中，我们得知，居民满足于当下的生活模式，不希望当前生活受到过多干扰，对渔民而言，渔村即是生活，即是他们自己的花园。方案希望能通过整理出他们的生活轨迹，为轨迹中不方便的地方介入一些便民设施，由此而完成对现有村庄进行很小的、善意的改变。

小组成员

黄喆	上海大学美术学院建筑系
迟博辰	上海大学美术学院建筑系
Sonal	印度 KRVIA 建筑学院
Anvita	印度 KRVIA 建筑学院
Manish	印度 KRVIA 建筑学院
Gauri	印度 KRVIA 建筑学院
Nirali	印度 KRVIA 建筑学院
Kahin	印度 KRVIA 建筑学院
Aashina	印度 KRVIA 建筑学院
Saniya	印度 KRVIA 建筑学院

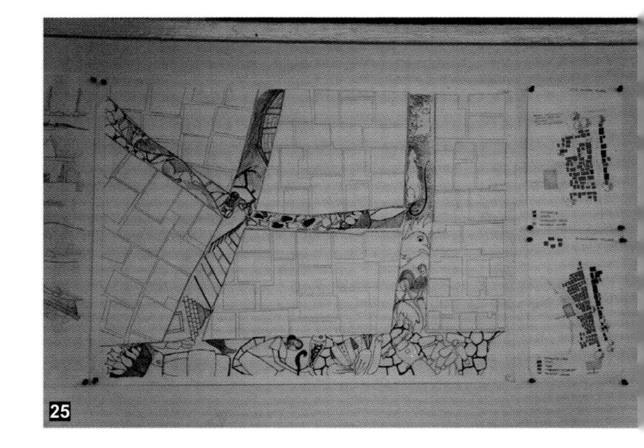

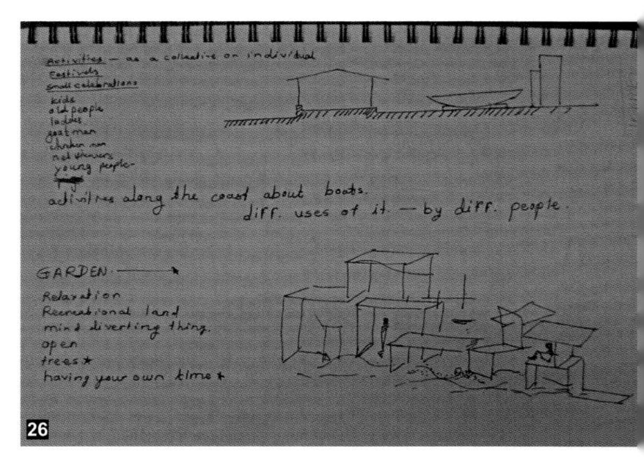

图 24 孟买 Chimbai Village 现状
图 25～图 27 Chimabai Village 小组方案草图

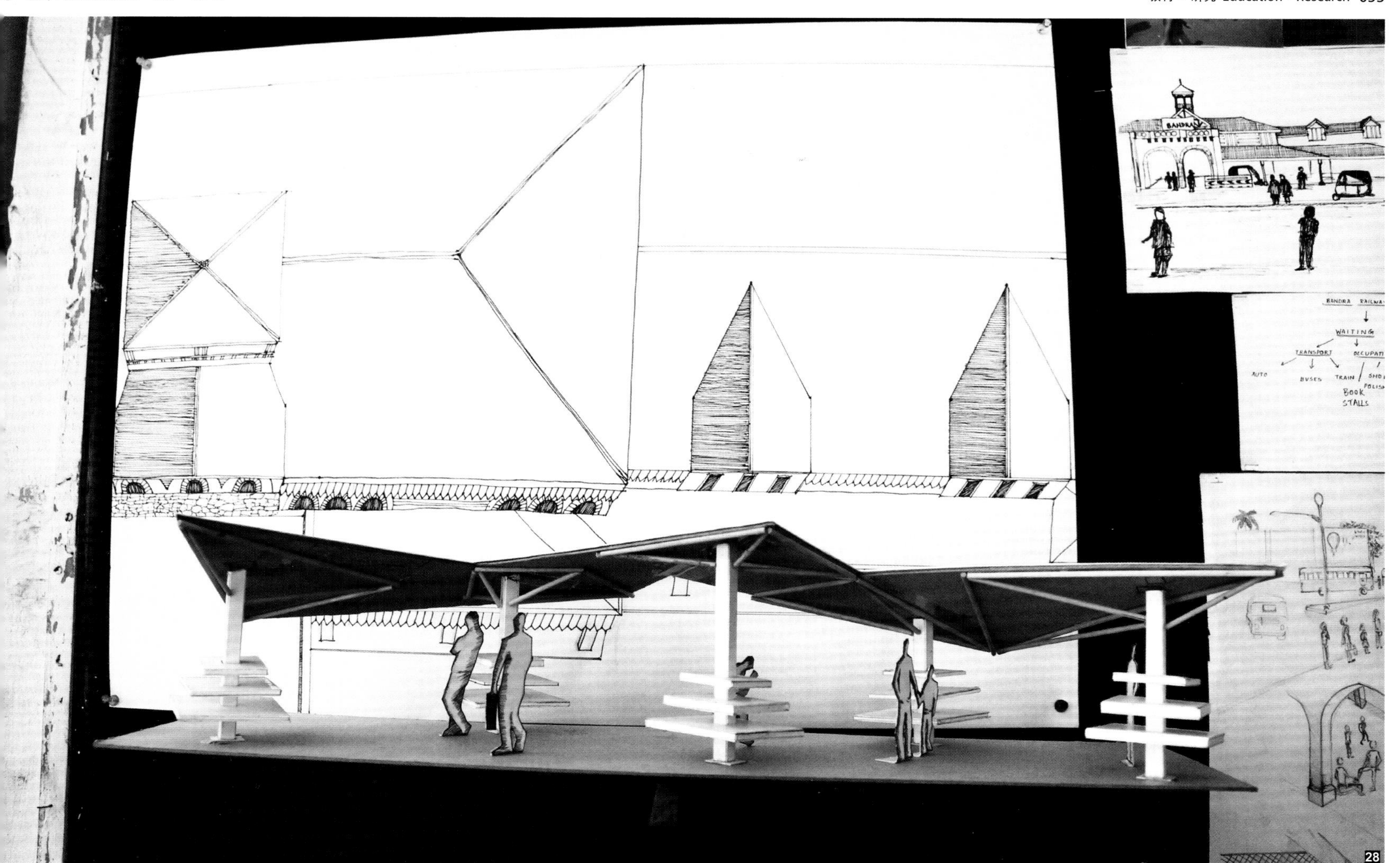

3）Bandra Station 组

这个组的场地为Bandra火车站，是一个可以看到当人要走到各自的目的地而超密度拥挤的地方，甚至可以到该场地周围的细节要素。由“等”这个关键词形成小的理念。在火车站创造“等”这个概念犹如穿梭在城市园里一般。解决“等”的方法不仅是提供一个可以让人等的场地，更是一个可以提供愉悦和娱乐的场所。

组成员

可欣	四川美术学院建筑艺术系
敏之	四川美术学院建筑艺术系
	印度KRVIA建筑学院
or	印度KRVIA建筑学院
nia	印度KRVIA建筑学院
jani	印度KRVIA建筑学院
hina	印度KRVIA建筑学院

图28、图29 Bandra Station小组草图与模型
图30 孟买Bandra 火车站排队的人群

图 31～图 33 孟买 Chapel Road 街景
图 34、图 35 Chapel Road 小组概念草图

(4) Chapel Road 组

这是一条很特别的街，对于那个街道上的图案，每人看到的反应和感觉是不一样的。当时就是这么讨论的提取这条街带给你的第一印象而引发的共鸣，把这些片整理并绘制，在画上表现出来，大概就是几乎所有人到里之后所产生的内心的声音、感受。把 Chapel Road 中起人共鸣的元素提炼出来，呈现在画上，即是一种心灵园。

小组成员

杨薇薇	四川美术学院建筑艺术
彭艳	四川美术学院建筑艺术
Jistin	印度 KRVIA 建筑学
Ipshiraka	印度 KRVIA 建筑学
Negi	印度 KRVIA 建筑学
Devyani	印度 KRVIA 建筑学

五、结语

此次工作坊给中印两地学习建筑与环境设计的学生一次探讨城市文化异同的机会，探讨如何面对两个正飞发展的、拥有悠久历史与当下文明交融碰撞的城市。城设计的方式值得反思。

工作坊在微观城市空间中以“游戏”的方式在现场测和分析是一个关键的过程，让设计师快速地通过大量互动实验去了解基地，并为空间引入新的乐趣和可能性同时希望研究能打破城市区域界线的束缚，在一些我们忽略的中间地带去展开设计的研究。

这不仅仅是一种城市设计的方案，我们更认为其是察一个城市的方式和方法；不仅仅是在这个城市中居住被动的居民消费，而是作为一个参与空间和环境中的人去体会各种动态要素间的关系，如历史与空间之间的结日常生活与文化的交叠……

钱弘俶・吴越金涂塔・汉传密教

爱宾　复旦大学历史地理研究中心
教育部人文社科基金资助项目，项目编号：10YJC850031）

Qian Hongshu•Wuyue Gilt Pagoda•Chinese Buddhist Tantra

Aibin　Institute of Chinese Historical Geography, Fudan University

吴越王钱弘俶（引自《雷峰遗珍》）
南宋李嵩《西湖图》中的雷峰塔（引自《雷峰遗珍》）

钱弘俶为五代吴越国“三世五王”中之末代国王，在位时大兴佛教，建造了净慈寺、六和塔、保俶塔、雷峰塔等寺塔，开凿了烟霞洞、天龙寺、飞来峰等石窟造像，使杭州成为名闻天下的“东南佛国”，影响至今仍巨。

地涌天宝——雷峰塔地宫之宝箧印塔（图1～图9）

吴越国由钱镠开创，于后梁龙德三年（923年）接受封，正式建国，定都杭州，据有十三州一军，版图及于浙江、上海及江苏东南的苏州、福建北部的福州等地；年时传国于钱弘俶。吴越国一向奉中原王朝为正朔，内保境安民、休养生息，从而使东南经济获得了大发展；弘俶在位时尤为典型，对内鼓励农耕，大建佛教寺塔，于955年（乙卯）、965年（乙丑）两次大规模铸造鎏的铜、铁宝箧印小塔（俗称“金涂塔”），号称八万四千座，至各处，藏于佛塔中，以应阿育王役使鬼神造八万四千利塔布散宇内、弘扬佛法之故事；对外则历奉后汉、后宋三朝，对宋王朝更殷勤有加，竭其所有进献于宋帝，望能保有东南一隅小国。但宋王朝在先后消灭其他割据权之后，统一天下已是大势所趋，岂能容吴越再兀然立国中。在国家危亡系于一旦之时，钱弘俶先后修建了保塔、雷峰塔等，以祈求国祚永存。“保俶”之名，可谓意昭然若揭了。

但保俶塔、雷峰塔的建造并未能挽回吴越国濒于灭亡命运。雷峰塔977年建成，次年钱弘俶即迫于形势，将土献给了宋王朝，而其自身则终生羁縻于北土，死后葬洛阳北邙山中。雷峰塔的命运也一如钱氏之吴越国，建成之后历经灾劫，自初建之7层木屋檐楼阁式砖塔，后颓为5层，又多次遇火，明倭人之乱中再次被火焚，木屋檐尽失，仅存褚黄塔心，但却越久越有魅力，每与夕阳晚霞浑然一色、相映生辉，使“雷峰夕照”一直在西湖十景中占据重要位置。张岱《西湖梦寻》引闻子将诗曰：“湖上两浮屠，保俶如美人，雷峰如老衲”，历火之后苍凉颓败、状如老衲的雷峰塔，在风景细腻秀美的西子湖畔独行独坐、不问不语，独树一帜，却又与湖光天色相映成趣，引人遐想深思。直至1924年9月25日，不知究竟是缘于不堪重负，抑或是终于明了生死而彻悟，雷峰老衲轰然倒塌，从此仙化而去了。

2000年的雷峰塔重建工程中，因最终选择了原址复建方案[①]，因而在施工中挖掘到了原塔地宫，出土了大量珍贵文物，但最重要的是藏于铁函中的一座鎏金银质宝箧印塔；或者这也是所谓盛世“地不藏宝”的又一例证吧？

这是迄今所知唯一一座银质的钱弘俶金涂塔，也是唯一一座奉藏“佛螺髻发”的金涂塔，刻画精到、保存完好。塔高35cm，平面方形，分塔座、塔身、山花蕉叶、塔刹四部分。塔座边长12.6cm，为须弥座式，分下枋、束腰、上枋三部分。束腰部分每面有四尊坐佛像，每两尊像之间及角部置双倚柱，柱间有一小龛，阮元《吴越金涂塔跋文》称为“窗灯形”，每面共五。塔身边长12cm，四角于倚柱上端立金翅鸟，而塔身四面中央则刻镂本生故事[②]，第一面一菩萨屈膝躬腰，作施舍状，一人承其下，一人持杵倚其后，后有宝树一株，此为月光王捐舍宝首。其背面有一

而钱弘俶在位期间秘密铸造八万四千座宝箧印塔（俗称金涂塔），并将之颁至各处，在后世中国形成了金属造宝箧印塔以杭州为中心向外放射状传播的独特文化景观；而借助汉传密教的持续渗透，石造、砖造宝箧印塔在东南沿海区域亦广泛流布，并远传日本、韩国，成为东亚文化圈的共同特征之一。

人盛装，佩璎珞，右手持剑，下有二虎，周围并有欢喜赞叹者之像，此为萨埵太子舍身饲虎。其左侧一面有一菩萨如意坐像，偏袒右肩，著高冠，右手做施舍状，手中有眼珠一只，周围有承施者、赞叹者，此为菩萨以眼施人。其右侧一面亦有一菩萨如意坐像，左手于膝上抚一鸽，右手做施舍状，脚下有二鹰，此为尸毗王割肉饲鹰救鸽。塔身上部为德宇，上刻忍冬纹。塔刹底部中央为覆莲座，四角有山花蕉叶四根，状如马耳，每根外向部分以凸脊分为两面，每面又分为上、下两层，内刻佛传故事，如枣核大小，共计16组，内有鹿王本生故事、摩耶夫人肋下生佛陀故事等。山花蕉叶向内部分分作三层：上层为坐佛一尊；中层为力士或菩萨一尊；下层分左、右两格，各有坐佛或菩萨像各一尊。塔刹中部为五重相轮，均为内空的薄银片，外部上、下刻连珠纹，中部为忍冬纹。相轮之上为宝盖、圆光、宝瓶，而圆光的刻画尤为精细。塔通体为纯银铸成，鎏金。塔座与塔身熔铸或榫接在一起，透过镂空的塔身可以看见内有方形盒，结合钱弘俶《雷峰塔创建记》中所言："诸宫监尊礼佛螺髻发，犹佛生存，不敢私密宫禁中，恭率宝贝创窣波于西湖之浒，以奉安之"，可断定此即安放"佛螺髻发"舍利的金棺银椁，故此塔也可称为"舍利塔"。

雷峰塔地宫中宝箧印塔的出土，将千余年前钱弘俶造宝箧印塔的旧事又一次带入公众视野。

二、宝箧印塔 • 金涂塔 • 钱弘俶（图 10）

宝箧印塔以形似宝箧、中藏《宝箧印陀罗尼经》[3]而得名。中国学术界使用这一名称是较晚近的事，于1922年丁福保所编《佛学大辞典》中首次出现，但日本此类石塔数量众多，一直沿用宝箧印塔之名，中国使用宝箧印塔一名可能是借用自日本。此前中国历代文献中多称为阿育王塔或金涂塔。其中阿育王塔一名沿用极广，初期似为塔之形制的特定指称，即"阿育王塔样"，后世则由于各地阿育王塔形制不一[4]，遂致混淆，这些后世各种形制的阿育王塔是否起初均为阿育王塔式样，不得而知；其中仅有一例浙江鄮县（今属宁波）阿育王寺阿育王塔，唐代文献记载即为宝箧印塔式样[5]，似为青色石材或合金所造；目前学术界仍有使用阿育王塔作为本类型指称者[6]。而金涂塔之名则特指五代吴越王钱弘俶仿阿育王故事以金、铜等五金所造的八万四千宝箧印塔，塔表鎏金，颁布宇内，藏于塔地宫或天宫中；后世有掘得此塔者，以"金涂塔"一名称之；后来民间亦有效仿钱氏铸造宝箧印金属塔者，也称为金涂塔；在钱弘俶铸塔之时并未用此称呼[7]。

据文献分析，"阿育王塔样"一开始并未与密教产生关系，这一始作俑者当为钱弘俶。宋禅宗名僧志磐《佛祖统纪》记载："吴越王钱俶，天性敬佛，慕阿育王造塔之事，用金铜精钢造八万四千塔，中藏《宝箧印心咒经》，布散部内，凡十年而讫功"，[8]可知钱弘俶铸塔之举除以阿育王自拟外，也有崇信密教经咒不可思议功力的因素在内，也从此使"阿育王塔样"带上了密教特征，成为"宝箧印塔"这种典型的密教建筑。

至于钱弘俶造金涂塔的摹本，应是出自浙江鄞县阿育王寺之阿育王塔。据《皇朝类苑》载："释迦真身舍利塔见于明州鄞县，即阿育王所造八万四千塔之一也。镠（吴越武肃王钱镠）造南塔以奉安。俶（钱弘俶）在国，天火屡作，延烧此塔，一僧奋身穿烈焰登第三级，持之而下，衣裳肤体多被烧灼。太平兴国初，俶献其地，太
取塔禁中，度开宝寺西北阙地，造浮图十一级，下作
以葬舍利云。"[9]即先入吴越宫室，后为宋太宗葬于开
寺塔中了。唐代文献即载此塔，如南山律宗开山祖师
（596～667年）《广弘明集》中叙述："越州东三百七十
鄮县塔者，西晋太康二年沙门慧达感从地出。高一
寸，广七寸，露盘五层，色青似石而非，四外雕镂，
百千。"[10]鉴真弟子真人元开《唐大和上东征传》中则记
"鄮县阿育王寺，寺有阿育王塔……其塔非金、非玉、
石、非土、非铜、非铁，紫乌色，刻镂非常；一面萨
子变，一面舍眼变，一面出脑变，一面救鸽变。上无露
中有悬钟"，[11]可知钱弘俶金涂塔已与此阿育王塔几无二
而建于南汉宝大二年（962年）的广东东莞象塔，为
塔，顶上的宝箧印塔为现存最早的石塔实例，形制及
本生故事雕刻等一如钱弘俶塔，时间则在钱弘俶两次
模铸塔之间，[12]说明南汉时钱弘俶金涂塔这种较完善
箧印塔样式已经传到了广东一带。另1965年在温州
塔中也发现宝箧印铁塔一座、宝箧印漆塔一座、宝箧
塔残件六件，形式一如钱弘俶塔；其中一件残件背刻
资院主皆□唯湛施钱建造阿育王宝塔□并盖亭"，另
刻"奉为四恩、三有、法界有情者，熙宁四年辛亥中
日题"[13]。可知此塔造于熙宁四年（1071年），为僧

图3　20世纪20年代的雷峰塔（引自《雷峰遗珍》）
图4　雷峰塔地宫金涂塔立面图
图5　雷峰塔地宫出土金涂塔

5

钱而造，且指明为“阿育王宝塔”；根据残件尺寸推断，全塔高度将在1m以上；温州作为介于吴越与闽国之间的区域，在北宋时有这种民间造宝箧印塔以祈求福报或获取法力的活动，说明五代至宋时造宝箧印塔、信仰《宝箧印心咒经》已逐步成为民间的风尚。

三、宝箧印塔出世记（图11）

但钱弘俶如此大举造金涂塔，诸史书却均无相关记载。查《旧五代史》、《新五代史》、《十国春秋》、《吴越备史》、《九国志》、《小畜集》，均无只字提及。直至南宋，才有僧人志磐之《佛祖统纪》，及绍定年间（1228～1233年）程珌之《龙山胜相寺记》的零星记录。究其原因，很重要的一点是开始铸塔之显德二年（955年）正值后周世宗柴荣下诏灭佛，又因战争经费不足，令毁天下铜像以铸钱。钱弘俶既然当时正奉后周正朔，那这种大铸铜塔的逆流举动就只能秘而不宣、私封宫禁中了。《十国春秋》于钱弘俶之事考证记载甚详，然独于显德二年（955年）、显德三年两年未记一字，径直接着叙述显德四年事，曰：“显德四年（957年）春正月，始议铸钱”[14]，可见相关历史资料之缺乏，亦知钱弘俶起始二年并未遵毁佛铸钱之令，与其造塔也有关系。柴荣灭佛自955年起持续了五年，看来显德四年后钱弘俶之乙卯塔早已完成，却也没有再接着铸金涂塔，直至965年方有乙丑塔，也是与柴荣法难有关了。清蒋士铨诗中即曰：“销熔铜佛铸钱贝，诏废僧寺来杭州。钱王造塔惧功令，埋瘗地下同幽囚”，[15]一语道其真的。

钱弘俶金涂塔在经历了五代末的“深宫五夜范金土”与北宋的“埋瘗地下同幽囚”后，到了南宋绍兴（1131～1162年）后终于“拨开云雾见青天”。《嘉泰会稽志》载曰：“善法院在府东南四里二百二步，晋天福七年建为尼院。……绍兴初，秦鲁国贤穆大长公主寓第院中，掊地得金涂铜塔。”[16]文中的“府”指会稽府治，在今绍兴，属吴越国。晋天福七年为公元942年，值钱弘俶之父文穆王钱元瓘在位。钱弘俶铸八万四千塔“部散宇内”，但显然大部分是在吴越境内，会稽所得必不会少，此塔很可能即为钱弘俶所造。《嘉泰会稽志》成于宋嘉泰元年（1201年），“金涂塔”之名至此第一次于记载中出现。但为民间先流传“金涂塔”之名，而被记入此书，还是编写书时因无以名之，遂以外观所见呼为“金涂塔”，答案已不可知。不过与此同时的词人姜夔（约1155～约1221年）亦得金涂塔，即称为“钱王禁中物”。姜夔并无相关诗文传世，但其好友周文璞（字晋仙）却有长诗一篇，即《姜尧章金铜佛塔歌》，记曰：“白石招我入书斋，使我速礼金涂塔。我疑此塔非世有，白石云是钱王禁中物。上作如来舍身相，饥鹰饿虎纷相向。拈起灵山受记时，龙天帝释应惆怅。形模远自流沙至，铸出今回更精致。钱王纳土归京师，流落多在寺……”[17]另外，宋曹隐《松隐记》有《净慈创塑五汉记》，曰：“净慈山光孝禅寺，钱氏时曰永明寺，定慧师道潜居之，尝请于忠懿王求塔下金铜罗汉像，梦十六大士从师而行，密符其请，因如所求，归于精舍朱彝尊《静志居诗话》述钱弘俶金涂塔事，援引此文，紧接其下曰：“是当时铜塔率归净慈矣”，[19]即认为所求乃是金涂塔基座四周束腰上所刻的罗汉像。如果记载确实的话，则净慈寺至少在五代是有大量金涂塔的

至清代时，因严酷的文字狱而催生出“钻故纸堆”注重历史考据研究的乾嘉学派，金石学是乾嘉学派研重要内容，金涂塔遂成为争相收集唱咏的学界宠儿。时期金涂塔出土数量众多，参与研究的名士亦所在多成果丰硕，如朱彝尊《曝书亭记金石文字跋尾》、王昶石萃编》、阮元《两浙金石志》、张燕昌《重定金石契钱大昕《潜研堂金石文跋尾》、戴咸弼、孙诒让《东石志》等，且留下大量拓片图。

新中国成立以后，也陆续发掘发现了大量宝箧印小其中大多为钱弘俶所造，如1957年仅金华万佛塔地

图6　月光王捐舍宝首（引自《雷峰遗珍》）
图7　萨埵太子舍身饲虎（引自《雷峰遗珍》）
图8　菩萨以眼施人（引自《雷峰遗珍》）
图9　尸毗王割肉饲鹰救鸽（引自《雷峰遗珍》）

就发现了15座，而浙江之东阳、绍兴、宁波、崇德、台州、嵊县、杭州，江苏苏州、无锡，福建连江，安徽青阳，河南邓州，河北定县等地均发现过金涂塔，分布广泛。日本亦有流传。塔之形制较统一，但也仍有变化，如1995年上海松江李塔地宫中出土的两座宝箧印塔，均加了很高的托座，颇似泉州开元寺宝箧印石塔。塔之材质也较多，有铜塔、铁塔、木塔、漆塔，但绝大多数为铜塔。塔身雕刻除松江李塔之宝箧印银塔与虎丘云岩寺清代舍利铜塔为四面佛像外，其余塔均为佛本生故事，题材为“四舍”。山花蕉叶雕刻则或为分层刻佛传故事，或仅刻一金刚；蕉叶内部基本上均刻有佛像，或金刚力士像。塔刹或为五重、七重相轮，上置圆光、宝珠等；或仅置宝珠、宝瓶。刹底覆钵的做法，钱弘俶金涂塔基本上为中央微隆起的方锥台形，似秦汉之际的“方上”陵，其他塔则多为莲花覆钵。塔座大多设龛刻佛像，有的也仅刻花纹。至于造塔年代，以五代、北宋间为最多，后世亦有兴造。除钱弘俶所造塔外，民间亦有舍钱铸塔，以祈福佑者；凡塔保存尚好，但未见题刻、署名注明为钱弘俶所造者，应当皆可定为民间所造之塔。而钱弘俶所造塔中，铜塔乙卯年（955年）、乙丑年（965年）均有，但乙丑年少见铜塔；铁塔则全为乙丑年所造。乙卯塔字刻于塔身内面，常有编号，如崇德县崇福寺西塔中发现之塔为“巳”字编号；乙丑塔则将字刻于基座底板上，且无编号。由铜铸改为铁铸的原因，可能主要是由于957年钱弘俶从周世宗柴荣之诏铸铜钱，造成境内铜源紧缺。《五代会要》记载：“显德六年（959年）高丽运来黄铜5万斤，后周世宗因铸造钱币，急需用铜，遂以绢帛数千匹易，此为佐证。”

一面正面（救鸽）

第二面正面（舍眼）

第三面正面（捐首）

第四面正面（饲虎）

一面背面

第二面背面

第三面背面

第四面背面

四、汉传密教与宝箧印塔传播（图12～图16）

钱弘俶之后，宝箧印塔建造活动逐渐沉寂，直至北宋中期时，以泉州为中心的闽中、闽南区域，又逐步掀起了宝箧印石塔的建造高潮，而其形制、装饰等一如钱弘俶金涂塔，只是尺度从几十厘米的小塔一跃而为几米甚至十余米的高塔，形成极独特而有趣味的文化现象。

而与此同时，研究者也已发现，泉州传统建筑遗迹中，有大量密教的影响，如造像、梵文种子图及开元寺大殿等木构建筑中均有所体现。更多表现是在宋元时期的石构建筑中，以宝箧印塔、多宝塔、石经幢等为代表，尤其是在宋、元时期，且随着时间推移呈现出影响更浓厚、遗迹数量更多的趋势；这一趋势与泉州海外交通发展渐趋繁荣呈现出同步性。泉州宋元密教建筑在多大程度上受到海外交通及传播的影响，是一个值得深思的问题。而宝箧印塔的再度广泛建造，其中效仿阿育王造塔功德的意味很少，似乎更是出于对密教《宝箧印经》经文中所许诺的祓除不祥带来福报之神异力量的信仰。

图10　宁波阿育王寺阿育王塔
图11　清陈广宁金涂塔拓像（引自张燕昌《金石契》）
图12　广东东莞象塔

图 13　福建仙游天中万寿塔
图 14　泉州开元寺宝箧印塔
图 15　泉州洛阳桥宝箧印塔
图 16　福建连江出土宝箧印塔

密教（Esoteric Buddhism）的概念、名称、指称范围是国际学术界长期争论的话题，至今未取得统一；一般来说分为广义、狭义两种，“在广义上指称印度教和佛教共同具有的所谓左道教派，在狭义上指称晚期佛教教派，与小乘和大乘两大教派相对应。”[20]本文所论及的“密教”是界定在后一种狭义的指称范围内的。密教一词的梵文原形为Guhyayāna，汉文准确意译应为“密乘”，[21]乘即道路、途径、方法，此处为“教派”之意；但中国学术界习用密教一词，即指秘密宗教。密教强调身密、语密、意密的修行方法，以其教说为秘密，认为是佛之秘密深奥的根本教义，其宗教活动的操作方式也极为秘密。密教在印度古已有之，至 7 世纪时则取代大乘佛教进入印度佛教发展的第三个阶段——密教时期，直到 13 世纪在伊斯兰教的冲击下衰亡，为印度佛教史画上句号。[22]印度密教从纵向可划分为五个流派，与其发展阶段相对应：陀罗尼密教（原始密教）、持明密教（早期密教）、真言密教（中期密教）、瑜伽密教（中期密教）、无上瑜伽密教（晚期密教）；从横向分则有起源地与传播地的各种派别，如印度密教、中国密教、日本密教、西域密教、东南亚密教等，其中中国密教应包括汉传密教、藏传密教、大理密教三大传承系统，但学术界根据密教传播的时期、流派的区别，往往以“中国密教”特指中国内地的密教，即汉传密教。[23]印度佛教尤其是大乘佛教强调众生平等，反对种姓制度，在古代印度是个与社会体系不可调和的宗教，其思想博大精深，长于思辨，更多表现出一种学院派倾向，脱离平民生活，这是后期佛教发展难以为继的主要原因；密教在印度的兴盛事实上是印度大乘佛教向民间倾斜、吸收印度传统“杂密”以获取新的生命力的结果，这一倾斜与融合在 7 世纪下半叶至 13 世纪初叶随着印度受到伊斯兰世界军事威胁的加剧而表现得越来越突出。

在中国多称密教为“密宗”，这一名称在研究界更多被用来指称开元三大士所传密教及其宗派，与唐代中国其他宗派如天台宗、华严宗、禅宗等相并列；在印度及其他国家并无“密宗”之称，在中国唐代短暂的流传之后，开元三大士所代表的密宗也很快潜形，作为“宗”的僧侣团体及其传承方式都渐渐衰落。寓于各教派之中继续流传的“密法”、五代至宋持续东来的印度僧人所传佛法、宋代所译大量密经等均宜称作密教。

密教传入中国时间甚早，在汉末三国时来到中国的支谦，即译出了《无量门微密持经》、《佛说华积陀罗尼神咒经》等，是中国最早出现的密经。[24]但大规模、较系统的传入则是在唐开元间（713 ～ 741 年），其代表人物为善无畏、金刚智、不空，并称“开元三大士”。唐代时密教寺院很兴盛，如长安大兴善寺、青龙寺、兴唐寺，扬州栖灵寺，五台山竹林寺等；但密教的修行方法及其理论思想与已经汉化了的深入人心的中国显教差异极大，与中国的传统伦理道德更有严重冲突，又有强烈的自残供佛倾向，其流风所及，反而对中晚唐的排佛之争及会昌法难有很大的助推作用。但晚唐五代以降，密教在中国却得到了持续发展，并形成“宋代的密教高潮”；“一般史学家认为，汉传密教之高潮在于唐代所谓‘开元三大士’来华至‘会昌灭法’期间，其后衰落。但考诸实际情况，宋代密教在经典之翻译，皇室之尊崇，民间之普及等方面，与唐代相比，可以说各有千秋，仅在传日传韩的‘国际影响’上逊色之”。[25]自 7 世纪后，印度佛教已进入密教时代，而嗣后的中印僧侣往来、经文翻译显然极大助推了中国密教的发展，“从五代至宋代中期，中国佛教史上出现了一股东来进经和西去求法的热潮，西僧东来之频繁，华僧西去之众多，似乎超过以往任何一个历史时期……西僧东来，大都带有梵夹[26]、舍利及方物”。[27]皇室的尊崇和交流的频繁也为佛经的翻译创造了有利条件，带来了宋代的译经高潮，“宋代译经……就其种数而言，几乎接近唐代所译之数”[28]，而“宋代译经的主要部分是密宗经典”[29]。宋代汉传密教的影响是长期被忽略了的。不过这可能与密教思想与中国传统思想难以调和有关；宋代时对密教经文的翻译就已持很谨慎，甚至很排斥的态度，“在天禧元年（1017 年），宋代统治者注意到密典中有些不纯部分和佛教的传统相违反，因而禁止了新译《频那夜迦经》的流行，并不许续译此类译本，这就大大限制了其后的翻译”，[30]密教不得不转为“寓宗”[31]，是有其根本的内在原因的。

五代至北宋的印度僧人来华高潮、宋代的密教高潮和印度这一时期的国内局势有着密切联系。“七世纪波斯灭亡以后，阿拉伯的征服者联合了波斯帝国边境的土耳其牧民族……大部分的中央亚细亚，当时最盛行的是佛教但也是一个多宗教的地域，遭到阿拉伯人的蹂躏而伊斯化了……八世纪初阿拉伯人从陆路和海上进攻信度（德），逐渐征服了它。……在十世纪末和十一世纪的一列战争中，土耳其的领袖……连年四处袭击，无远不至堆积无数战利品，与数不清的奴隶，此外还摧毁了千万宇。孔雀城被掳掠了……未逃走的任何人都被杀死。…1173 年一个名为穆罕默德的统治者从中央亚细亚来……二年（1193 年）穆罕默德派遣一位大将攻打古哈达婆罗国，江绕城被劫掠，据说有一千座寺庙被毁，在它们的址建立清真寺……郁丹陀普罗大学做了土耳其人的基地军队从那里出发经常突袭几英里外的那烂陀寺，杀人火……类似的袭击队也派遣出去毁灭其他大学……大多佛教难民逃往东南亚，有许多去西藏，有些到南印度”[32]北印度、中印度至此基本为伊斯兰势力所控制；东印孟加拉地方也在 12 世纪末完全沦于回教徒统治；1203仅存的佛学中心超戒寺被破坏，佛教在印度本土宣告绝因为“佛教在那个时期在更大程度上太哲学化了，确实以说是学院式传统，它的传统的中心当时是在各大学里而不在人民大众之中。当这些大学被毁，它的传统力量就毁灭了”。[33]

正如 15 世纪失去故土的拜占庭东正教艺术家逃往罗马，从而有力促进了欧洲文艺复兴一样，这一时期内量印度僧人的出逃也对附近国家和地区的佛教发展产生强大的推动作用。逃往锡兰、西藏的密教高僧数量最多藏传佛教至今仍被视为最“正宗”的印度佛教；但另一类似地区仍缺乏研究者关注。宋、辽、金时期，辽、西的密教均很发达，“有辽一代，密教极为盛行，不仅有译瑜伽密教流传，而且有密教义学兴隆”，[34]而“辽代义学，遥承唐密，近取新传”[35]，一直有着印度密教的鲜血液输入。北宋疆域内则有四川、江浙沿海、福建沿等地密教遗迹众多，且五代时“吴越、南唐、蜀汉等国统治者也大力提倡密教”[36]；大理国时期的云南地区也密教阿吒力宗的繁盛期。综合分析这些密教流传区域的理特征不难发现，辽、西夏位于横跨北印度、中亚、中

部地区的军事走廊，即传统的丝绸之路上，由于族源及牧民族习性等原因，与中亚、北印度联系一向紧密，与蕃也来往较频繁；云南自汉武帝时即已知有通印度的商，与南亚次大陆联系密切，史称“茶马古道”，即南方绸之路；四川则介于北方和云南之间，可能同时受到两影响；唯江浙、福建沿海地区，以航海技术素来发达，中尤以泉州与南印度通航频繁，与南印度的锡兰等国更系密切，海上丝绸之路很可能就是印度密教源源不断传的通道。宋、辽、金时期的密教兴盛地区几乎无一例外仍直接或间接与印度保持联系的区域。

而两宋以后宝箧印塔在东南沿海地区及日本等东亚国的传播，客观上以物化的形式生动展示了密教在这些区的传播过程，是很值得关注的研究课题。宝箧印塔也成东亚文化圈的共有特征之一。至于东南沿海宝箧印石塔钱弘俶金涂塔在形式上的传承可能，仍是需要进一步研的问题。但福建区域受吴越文化影响波及是有历史渊源。五代末期闽国为吴越所破，福州在内的闽中、闽北尽吴越所有，故有福建连江出土的钱弘俶金涂塔等类似遗[37]推想当时所颁至福建之钱弘俶金涂塔可能数量更多，否即传至泉州很难得知，但泉州受此影响的可能是很大。不过之后宝箧印石塔的传播过程，却是以泉州为中心受传地展开传播的。

结语

密教及其建筑在中国的传播向未受到学术界重视，宝印塔则很生动直观地展示了其传播的路线与过程。在吴越国钱弘俶的大力推动下，宝箧印塔作为凝聚了阿育王造塔功德、密教不可思议法力的复杂综合体，得到迅猛传播，并形成一种独特的佛塔形制，远传海外，也成了表征和承载中外文化交流的重要载体。

注释：

① 当时笔者所参与的雷峰塔投标方案设计项目组曾建议保留遗址，易地重建，但未被采纳。

② 本生故事专为描摹释迦牟尼在世时的行迹等，以经文、绘画等形式出现。在我国多出现于南北朝时期的石窟雕刻或壁画中。

③ 全称《一切如来心秘密全身舍利宝箧印陀罗尼经》，由唐开元三大士之一不空译出。

④ 如江苏连云港海清寺阿育王塔为楼阁式砖塔，山西代县圆果寺阿育王塔为喇嘛式塔等，不一而足。

⑤ 如道宣《广弘明集》：“越州东三百七十里，鄮县塔者，西晋太康二年沙门慧达感从地出。高一尺四寸，广七寸，露盘五层，色青似石而非，四外雕镂，异相百千。”道世《法苑珠林》：“灵塔相状青色，似石而非石，高一尺四寸，方七寸，五层露盘，似西域于阗所造，面开窗子，西周天全，中悬铜磬。每有钟声，疑此磬也。绕塔身上，并是诸佛、菩萨、金刚、圣僧、杂类等像，状极微细，瞬目注睛，乃有百千像现，面目手足咸具备焉。”（日）真人元开《唐大和上东征传》：“其塔非金、非玉、非石、非土、非铜、非铁，紫乌色，刻缕非常；一面萨埵王子变，一面舍眼变，一面出脑变，一面救鸽变。上无露盘，中有悬钟”。

⑥ 如张驭寰先生《关于我国阿育王塔的形象与发展》（《现代佛学》1964 年第 4 期）一文中即用“阿育王塔”一名为类型指称，但后来出版的《中国塔》（2000 年）一书则用“宝箧印塔”之名。

⑦ 据出土钱弘俶造宝箧印塔上的题记，均为署“敬造宝塔八万四千”字样，可知当时仅称为“宝塔”；稍后的北宋人程珌《端明集》则记载：“有西竺僧曰智冰，炎一楮袍，人呼纸衣道者，走海南诸国，至日本，适吴忠懿王用五金铸千万塔，以五百遣使颁日本。”也未用“金涂塔”之名。

⑧（宋）志磐 撰，《佛祖统纪》卷第四十三，法运通塞志第十七之十。苏渊雷、高振农选辑，《佛藏要籍选刊》（十二）p. 210，上海古籍出版社，1994 年。宋建国后，为避赵匡胤父赵弘殷讳，钱弘俶改称钱俶。

⑨（清）王象之 编，《舆地纪胜》卷十一，庆元府古迹。清咸丰五年（1855 年）南海伍氏粤雅堂刻本。

⑩ 转引自《唐大和尚东征传》p. 54，（日）真人元开 著，汪向荣 校注，中华书局，2000 年。

⑪（日）真人元开 撰，汪向荣 校注，《唐大和上东征传》pp. 51-55，中华书局，2000 年。

⑫ 塔上题记有“以大宝……月乙卯朔六日庚申……面招讨使进行内侍监上柱国邵延……”字样，有研究者据史料补阙，认为是“大宝五年东南面招讨使南汉禹离宫特使邵延琄”，但杨豪《东莞北宋“象塔”发掘记》（《文物》1982 年第 6 期 pp. 62-65）一文对年代有不同看法，认为以塔中垫活有宋熙宁、崇宁铜钱，应为造于宋代。按塔重修时使用当时铜钱作垫活是很可能的事，塔内所垫铜钱中另有乾隆通宝，就是这样的例子，似不足为据，故仍从南汉塔之说。

⑬ 温州市文物处、温州市博物馆，《温州市北宋白象塔清理报告》，《文物》1987 年第 5 期 pp. 1-14。

⑭（清）吴任臣 撰，周莹、徐敏霞 点校，《十国春秋》p. 1156，中华书局，1983 年。

⑮（清）张燕昌 撰，《重定金石契》“吴越舍利塔”十四，徵二十页，光绪二十二年（1896 年）贵池刘氏聚学轩刻本。

⑯《嘉泰会稽志》卷七、宫观寺院 p. 13，采鞠轩藏版，嘉庆戊辰年（1860 年）重镌。

⑰（宋）周文璞 撰，《方泉先生诗集》三卷，清宣统元年（1909 年）国光社石印，朱彝尊手抄本。

⑱（宋）曹隐 撰，《松隐文集》卷三十 pp. 1-3，民国九年（1920 年），吴兴刘氏嘉业堂刻本。

⑲（清）朱彝尊 撰，《静志居诗话》卷二十二 pp. 48-50，清嘉庆二十四年（1819 年），扶荔山房藏版。

⑳ 吕建福，《中国密教史》p. 1，中国社会科学出版社，1995 年。

㉑ 吕建福，《中国密教史》p. 3。

㉒ 严耀中，《汉传密教》p. 1，学林出版社，1999 年。

㉓ 吕建福，《中国密教史》pp. 3-4。

㉔ 严耀中，《汉传密教》p. 6。

㉕ 严耀中，《汉传密教》p. 37。

㉖ 梵夹即印度的贝叶佛经。

㉗ 吕建福，《中国密教史》p. 441。

㉘ 吕澄，《中国佛学源流略讲》p. 386，中华书局，1979 年。

㉙ Jan Yun - hua. Buddhist Relations between India and Sung China，转引自严耀中《汉传密教》p. 48。

㉚ 吕澄，《中国佛学源流略讲》p. 386。

㉛ 佛教寓宗指寓寄在其他佛教宗派之中得以发展的派别；密宗为中国佛教中最大的寓宗，其《大悲咒》等经文、放焰口等仪规、天王崇拜等信仰几乎为所有宗派所接纳。

㉜（英）渥德尔著，王世安译，《印度佛教史》pp. 473-476，商务印书馆，2000 年。

㉝（英）渥德尔著，王世安译，《印度佛教史》p. 478。

㉞ 吕建福，《中国密教史》p. 463。

㉟ 吕建福，《中国密教史》p. 472。

㊱ 严耀中，《汉传密教》p. 47。

㊲《文物参考资料》1955 年 11 期之“文博通讯”。

参考文献：

[1]（日）真人元开撰．汪向荣 校注．唐大和上东征传．北京：中华书局，2000.

[2]（宋）志磐撰．佛祖统纪．苏渊雷、高振农选辑．佛藏要籍选刊（十二）．上海：上海古籍出版社，1994.

[3]（宋）周文璞撰．方泉先生诗集．清宣统元年（1909 年）国光社石印，朱彝尊手抄本．

[4]（宋）曹隐撰．松隐文集．民国九年（1920 年）吴兴刘氏嘉业堂刻本．

[5]（清）王象之编．舆地纪胜．清咸丰五年（1855 年）南海伍氏粤雅堂刻本．

[6]（清）张燕昌撰．重定金石契．光绪二十二年（1896 年）贵池刘氏聚学轩刻本．

[7]（清）朱彝尊撰．静志居诗话．清嘉庆二十四年（1819 年）扶荔山房藏版．

[8]（英）渥德尔著．印度佛教史．王世安译．北京：商务印书馆，2000.

[9] 吕建福．中国密教史．北京：中国社会科学出版社，1995.

[10] 严耀中．汉传密教．上海：学林出版社，1999 年．

[11] 吕澄．中国佛学源流略讲．北京：中华书局，1979.

[12] 张驭寰．关于我国阿育王塔的形象与发展．现代佛学，1964，4：32-37.

[13] 浙江省文物考古研究所．雷峰遗珍．北京：文物出版社，2002.

[14] 路秉杰，闫爱宾．雷峰塔の宝箧印塔をめぐつて．史迹と美術，2003，73(4)：138-146.

[15] 闫爱宾．中国宝箧印塔の研究史とその現状．中日石造物の技術的交流に関する基礎的研究——宝箧印塔を中心に会议论文．奈良，2007，3：1-5.

三个“树屋”的案例
——云南宁蒗“鼎雅家”树屋
北京 798 梯级艺术中心
台湾台南“安平树屋”

黄伟　　上海大学美术学院

Three Cases of "Tree House"
—"Ding Ya Home" Tree House in Yunnan Ninglang
T Art Center in Bei jing 798 Art Zone
" Anping Tree House" in Tainan , Taiwan

Huang wei　　College of Fine Arts,Shanghai University

这是三个与“树”有关的建筑，在建筑之前先有了树。三个建筑的设计者也身份迥异——宁蒗“鼎雅家”的建造者和设计者是当地匠人金汝，北京 798 梯级艺术中心扩建的设计师是毕业于日本东京大学的科班建筑师钟一鸣，安平树屋的设计师是台湾明星建筑师刘国昌。他们的作品不约而同地利用了树，或依靠、或避让、或穿插……建筑因树而活，因树而有感染力。

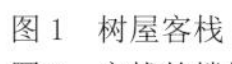

图 1　树屋客栈
图 2　客栈的楼梯
图 3　树梢上的客栈 1
图 4　树梢上的客栈 2

一、云南宁蒗“鼎雅家”树屋客栈

建筑基地：云南省丽江地区宁蒗县永宁乡扎实村
建筑面积：约 $25m^2$
建筑功能：客栈
设计师：金汝
设计机构：无
完成时间：2010 年

宁蒗彝族自治县，俗称小凉山，位于云南省西北部的川、滇交界处，境内山峰林立，壑交错，属典型山原地貌，自然风光优美。金汝先生是云南宁蒗“鼎雅家”树屋客栈的计师、施工方兼业主。在当地旅游业蓬勃发展的背景下，原本作为传统木工匠人的他转经营客栈。对于自然的尊敬和热爱，结合他在木工技术上高超的造诣，使得他的客栈与不同。其最显著的特征就是与自然环境的融合，整个建筑群散落在山坡的树林中，客栈的修建并未对树林有所破坏，客栈生长的树林中间，树木从客栈的墙体、窗户、楼板中穿越而过，最终融为一体。客栈与自然的关系在树梢上的客栈中显得淋漓尽致。整个建筑依树而建，建筑主体位于树杈之间，通过围绕树干的楼梯与地面相连，大部分枝杈得以保留并将客栈较好地包裹起来，木头的建筑材料也与大树显得格外融洽，可以说是浑然一体。

3

4

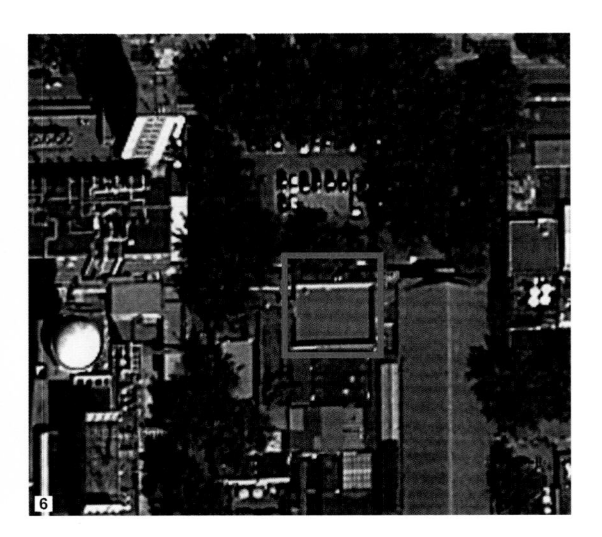

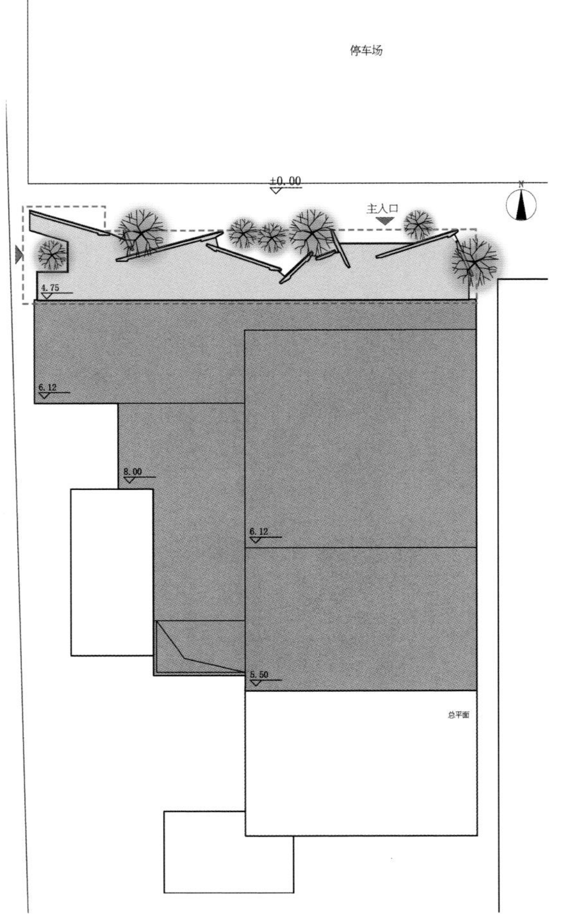

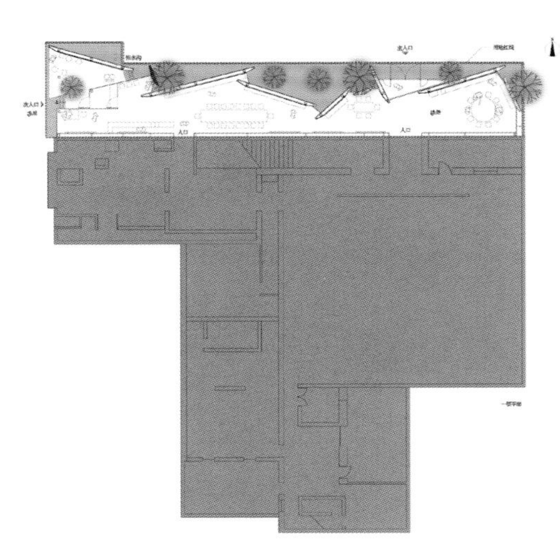

图5　卫星图1
图6　卫星图2
图7　平面图
图8　总平面图
图9　工作模型1
图10　工作模型2

二、北京 798 梯级艺术中心

建筑基地：北京市朝阳区 798 艺术区 D 区
建筑面积：160m²
建筑功能：展览
设计师：钟一鸣
设计机构：ZA/ 北京纵模都市建筑设计有限公司
完成时间：2012 年

北京的 798 园区以改造工业时代的旧建筑作为展示媒介承载了光怪陆离的艺术表达和蓬勃的商业活动。梯级艺术中心本身也是旧仓库改造的小型艺术中心，只是在众多张扬外露的艺术机构中，其白色规整的沉默感反而引起行者们更多的注目与好奇。伴随着该机构策划一系列的艺术和文化活动，业主希望给这座新旧的建筑换一副脸孔。

建筑外部八株形态各异的大树，给设计增加了困难，同时也为建筑带来“意外的温柔”。设计概念不经过任何刻意营造的举措，更纯粹地将场地条件和观展要求通过“树与墙”的逻辑关系直接转化为建筑和空间。设计完整保存了扩建基地内的这八株本来业主要砍伐的树，并对其进行仔细测绘，将它们和原有建筑立面所形成的多变而有限的外部空间进行整理，由此产生的方向不同的单片墙体组折叠包裹出变化的形体，如同一组转折的白色屏风。而树木在白天与夜间分别与“屏风”互为图底。设计围绕着树形而展开的空间，与树发生着多变的交融，可以是天窗上投下的影子、一段遒劲的枝干，或者是渗进玻璃的狭长的绿意。

如果将建筑视作人之性格，那它依然保持着东方人的含蓄和内敛。为了链接起这些树所留下的空间，自然形成了一组不规则的折叠屏风。树在屏前自成画，人在屏后寻树走。

10

图 11　现场树
图 12　工作模型 3
图 13　工作模型 4
图 14　竣工照 1
图 15　工作模型 5
图 16　工作模型 6
图 17　工作模型 7
图 18　工作模型 8
图 19　人视点效果图
图 20　竣工照 2
图 21　竣工照 3
图 22　竣工照 4
图 23　竣工照 5
图 24　竣工照 6

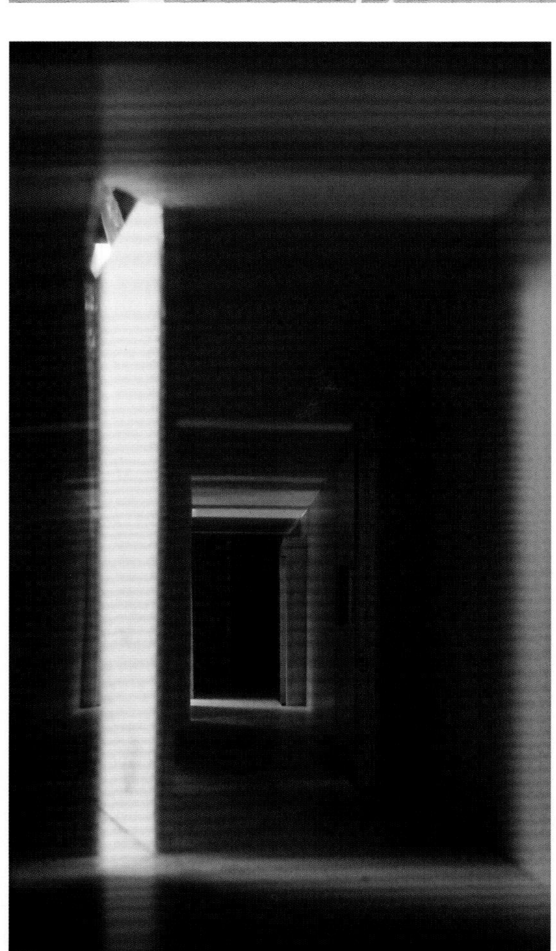

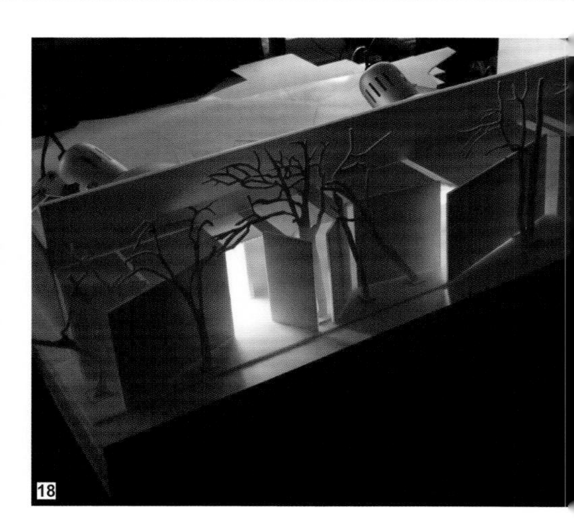

20

21

22

23

24

安平树屋坐落在台南市安平古聚落的北侧，由于榕树蔓延式生长与房屋形成相互包容的关系而得名，它是安平港历史风貌特定区的重要组成部分。安平树屋的声名远播主要由于其两项特征：一是树木与旧房屋的你中有我、我中有你的共生关系，自然之法成；二是新建构筑物与原有环境的有机融合，可谓道法自然、巧夺天工。树屋的形成也正是分为自然法与道法自然两个阶段，这是从“树之于屋”到“屋之于树”的逆转。

安平位于台南市西侧，紧邻台江内海，拥有得天独厚的港口环境，17 世纪被荷兰人选址为贸易枢纽而发展起来。1869 年，东印度公司所属的德记洋行在此建立据点，紧邻码头修建仓库和配套建筑。树屋就形成于仓库之中，位于树屋南侧的西式洋楼正是当年仓库的配套办公及住部分。而北侧的小鱼塘则很可能是码头的所在地。只是由于时代的变迁，被道路阻隔了与盐水溪的联系。在日本领时期，此处成为日本盐业株式会社之办公室与仓库，二次世界大战后被台湾盐业公司台南盐场所接管。然而此时的安平制盐工业已经没落，仓库就此逐渐荒废，以仓库在数十年间都无人问津。

可能是因为年久失修致使屋面局部坍塌，榕树的种可以落入其中并生根发芽，一段树与屋的“烂漫情缘”由此开始。数十年过去了，榕树穿越了屋顶，在仓库的上形成茂密的树林。枝条上生长的气生根沿着墙壁向下生形成被称为“支柱根”的新树干。由于仓库的存在，支

25

三、台湾台南“安平树屋”

建筑基地：台湾省台南市安平区安北路194号
建筑面积：约1100㎡
建筑功能：展览
设计师：刘国昌
设计机构：打开联合工作室
完成时间：2004年

并未像往常一样成为主要的支撑，而是依附于墙向下生吸收下方的养分，墙对上方的枝叶起到支撑作用。原岌岌可危的墙体被气生根严密包裹，变得越发的坚挺，与树的主从关系从清晰明确变得含糊不清，自然之法使们合为一体、浑然天成。

仓库区域的封闭性使得树屋在一个相对封闭的环境下发生成，到2000年台南市政府进行安平文化特定区调与规划的过程中被发掘。并于2002年被规划部门正式入“安平港历史风貌特定区计划”。划归为“古堡及洋公园”的范围之中。对于树屋的保护与开发成为计划的要项目之一。2003年通过规划构想的公开招标。刘国昌主主持的打开联合工作室被选为树屋再生设计的团队。

面对集自然景观和人文景观于一体的“危楼”，设计团队并没有做大幅度的修缮或改动。而是以展现原始环境特征为核心，以可逆的改造原则保持树屋的独立性，以最低限度的修缮工作保证空间的安全性，以从属的姿态来突出时空的内涵。新树屋的功能被定为可以游逛的花园树林、时尚走秀场、露天装置的露天展场。仓库是单层建筑，设计师设置了三组升于屋顶之上的观光平台，并以此为据点将游览路径转化为三维立体形式来强化对树屋的空间体验。采用钢结构和木板组成的临时装置减少对原有树屋的影响。设计的过程是渐进的，先引入少量的设施及活动，作为后续设计的试金石。再根据反馈信息进行补强设计，比如将廊桥延伸至盐水溪畔等空间设施的创造，开敞的溪畔空间与丰富的树屋内部空间形成强烈对比，增强了树屋的趣味性，而伸展的路径也和原有仓库与码头的货运流线相吻合，含蓄地继承了场地文脉。在整个方案中，树俨然成为树屋的主体，树与屋的关系彻底发生了逆转。

如今，树屋一改阴森恐怖的昔日映像，不但是当地居民的重要休憩场所，也是外来者必访的观光景点。在世人的见证下，树与屋的传奇之旅依旧延续。

图25 安平树屋1
图26 安平树屋2
图27 安平树屋3
图28 安平树屋4
图29 安平树屋5
图30 安平树屋6

26

28

27

29

30

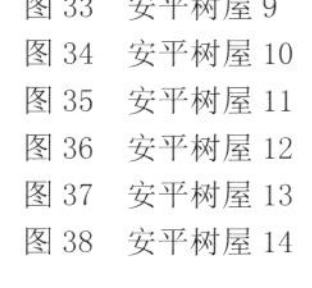

图 31　安平树屋 7
图 32　安平树屋 8
图 33　安平树屋 9
图 34　安平树屋 10
图 35　安平树屋 11
图 36　安平树屋 12
图 37　安平树屋 13
图 38　安平树屋 14

33

34

35

36

37

38

在山地聚落中栖游
——中国美术学院附中综合楼设计随笔

邵健　　中国美术学院

Wandering in the Hilly Villages — The Design of the Comprehensive Building of the Affiliated High School , CAA

Shao Jian　　China Academy of Art

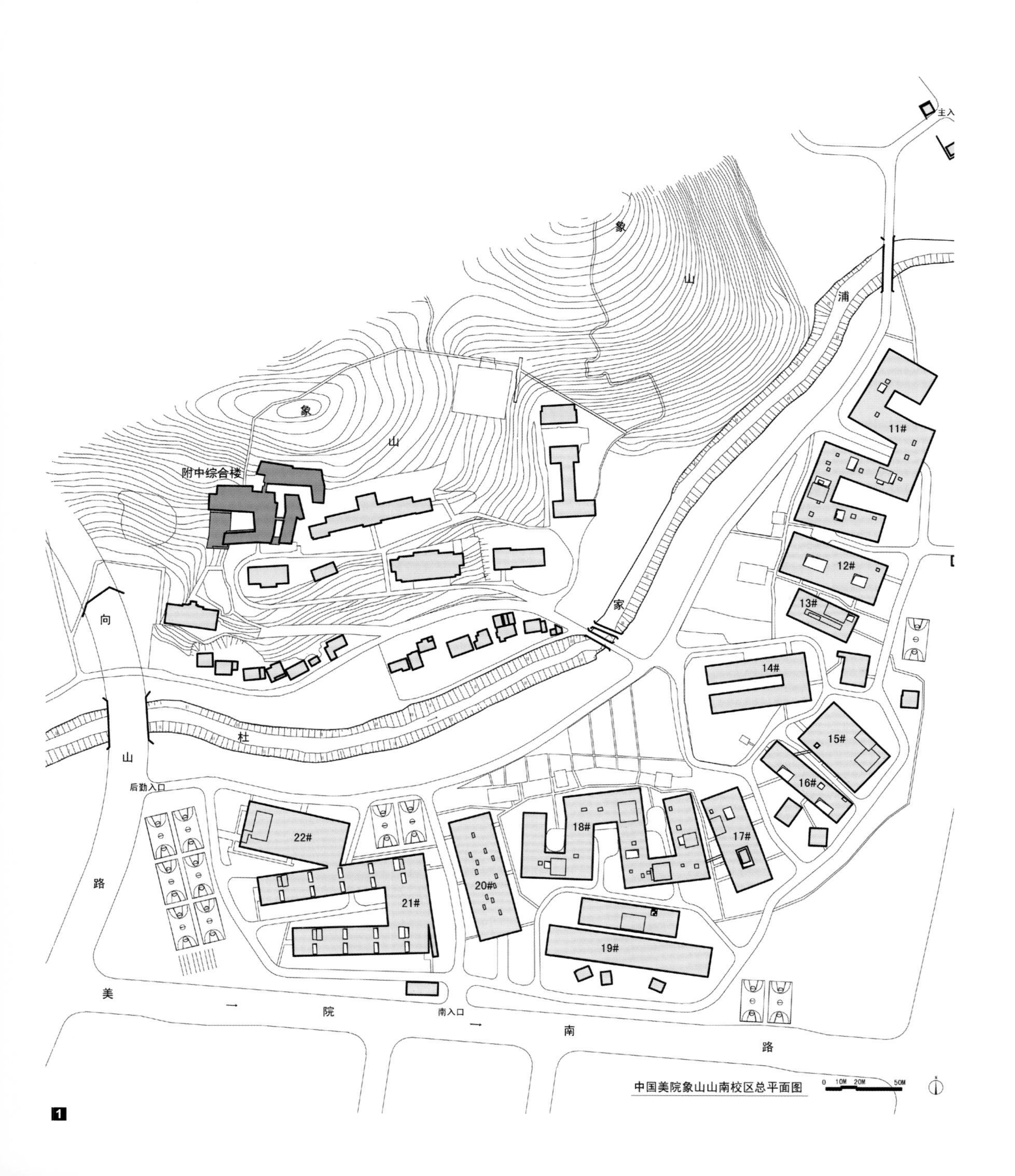

1

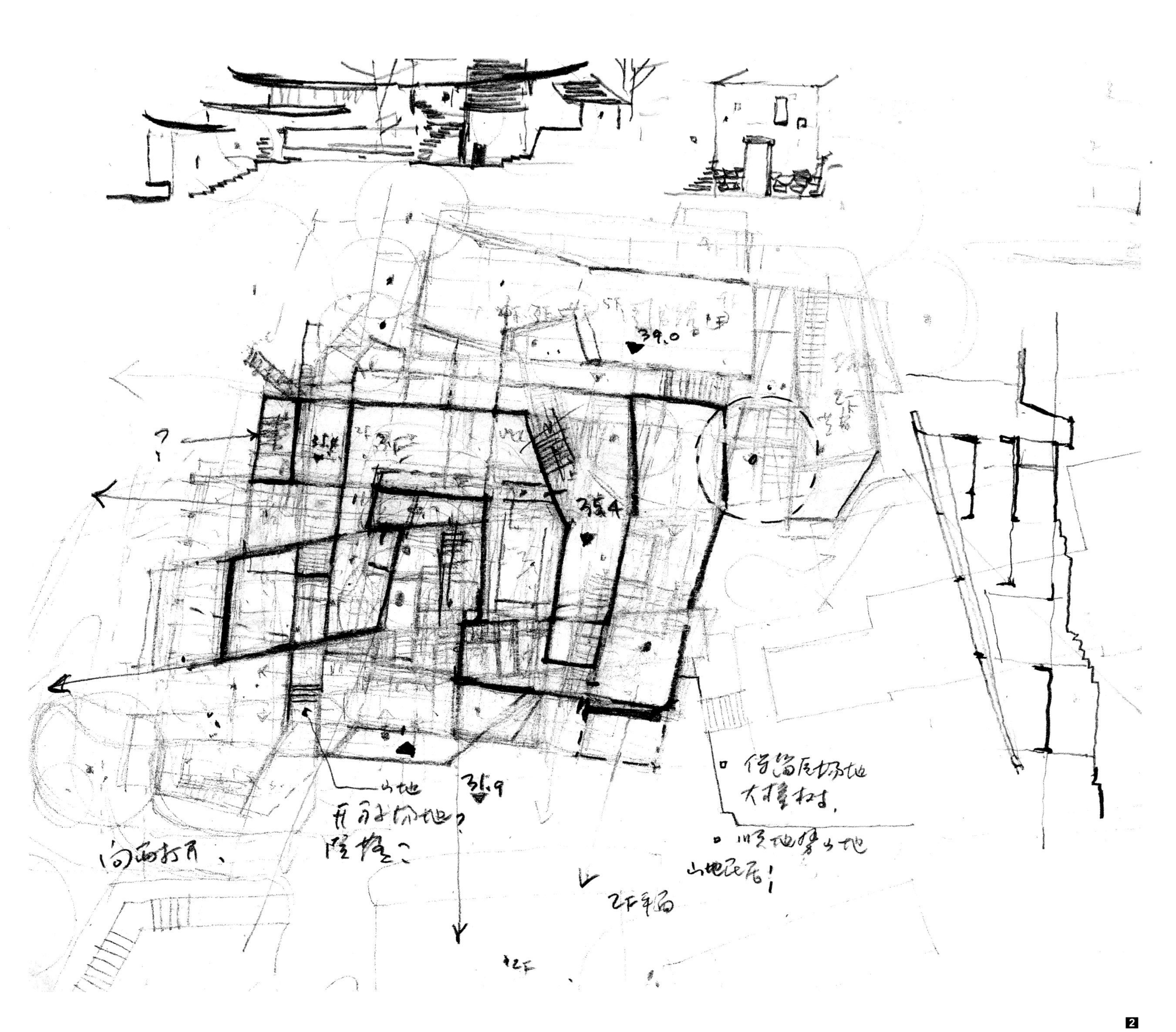

2

中国美院象山校区总图及中国美术学院附中位置

草图——场地的纠缠

附中楼位于校园西南的山坡上（图 1、图 2、图 3），地约 4000m²，建筑面积约 5000m²，主要使用功能为图书馆、览、多媒体教室及教师办公。基地开挖在保留原有场地石挡土墙的情况下，呈现出层层退台的山地特征（图 4），正是设计所期盼的。

附中楼的设计首先是忠实于场所现状。因而，原有山的块石挡土墙边界成了设计的重要依据，每一层的高差会充分考虑，尔后勾画出可能使用的建筑形态，三思而行，那些大树、石阶轻易不动，这种事前原则的设定使筑的发生具备了场地的真实性。由此，逐渐形成的房子似无序，却生动鲜活，犹如民居经年累造而成（图 5）。

最初的想法是营造一处可“穿越”的“学习聚落”，山上山下建立联系，通过这个场所，同学可以便捷地登入林，感怀自然。为了营造这种场所感，设计在户外分设六种不同体验的登山道，自东向西分别为：转折的石阶、小弄、屋内山径、骑楼跌阶、山地缓坡广场、下山谷而后登曲径（图 6），场地中又有几座小桥来回穿梭，不仅使用便捷，更提供了将空间体验导向场所的情境体验，同学们在此抄道而游，或席坐小弈、或守西山日落、或临别留念，抑或某种偶发的游戏等，希望学子感受到功课紧张之余的宽松与惬意。

设计尽力化解空间“内”与“外”的概念，消解边界，使之相互渗透（图 7、图 8），同时，依托山地变化的丰富性，特意使楼层的概念在空间上模糊。进而，外部空间细致化处理如室内（图 9 ～图 18），内部空间却以山地粗犷特征延伸（图 19 ～图 21）。凡场所之中各要素，皆平等以待，模糊中心，模糊边缘，这是对传统营造的学习继承，使场地具有了基本的聚落特征。

为使场所亲切宜人，化解尺度也是设计的重要手段。5000m² 的建筑体量被分解为若干相对独立又紧密联系的单体，既有开敞的合院，又有幽深的窄巷，借鉴山地民居营造方法，弱化尺度，如低矮的屋檐、曲折的石板路、随意搭建的挑台、大大小小的窗户等，不经意中对应了内部空间的使用要求。这种应实际生活需求而作出的设计策略，反映了民间营造活动的生动性（图 22、图 23）。在材料与构造上，建筑采用了砌石、白墙、黑瓦的山地民居风格，并尝试了建筑顶部木结构的做法。这种底部混凝土结构与上部木结构结合的营造法，在日本已非常普及，具有防潮、防虫、经济、节能等诸多优点。这次的结构营造不仅是一次尝试，追求的当然还有木构的那份构造美与亲和力。

新视觉感受也在必需的考虑之中。设计有意无意地区别于那个熟知的传统，指向当代需求，如：开放的台地合院、

图 3 后山樟树林
图 4 基地的层层台地
图 5 周边石坎与小建筑
图 6 山径组图
图 7 总平面图
图 8 各层平面图

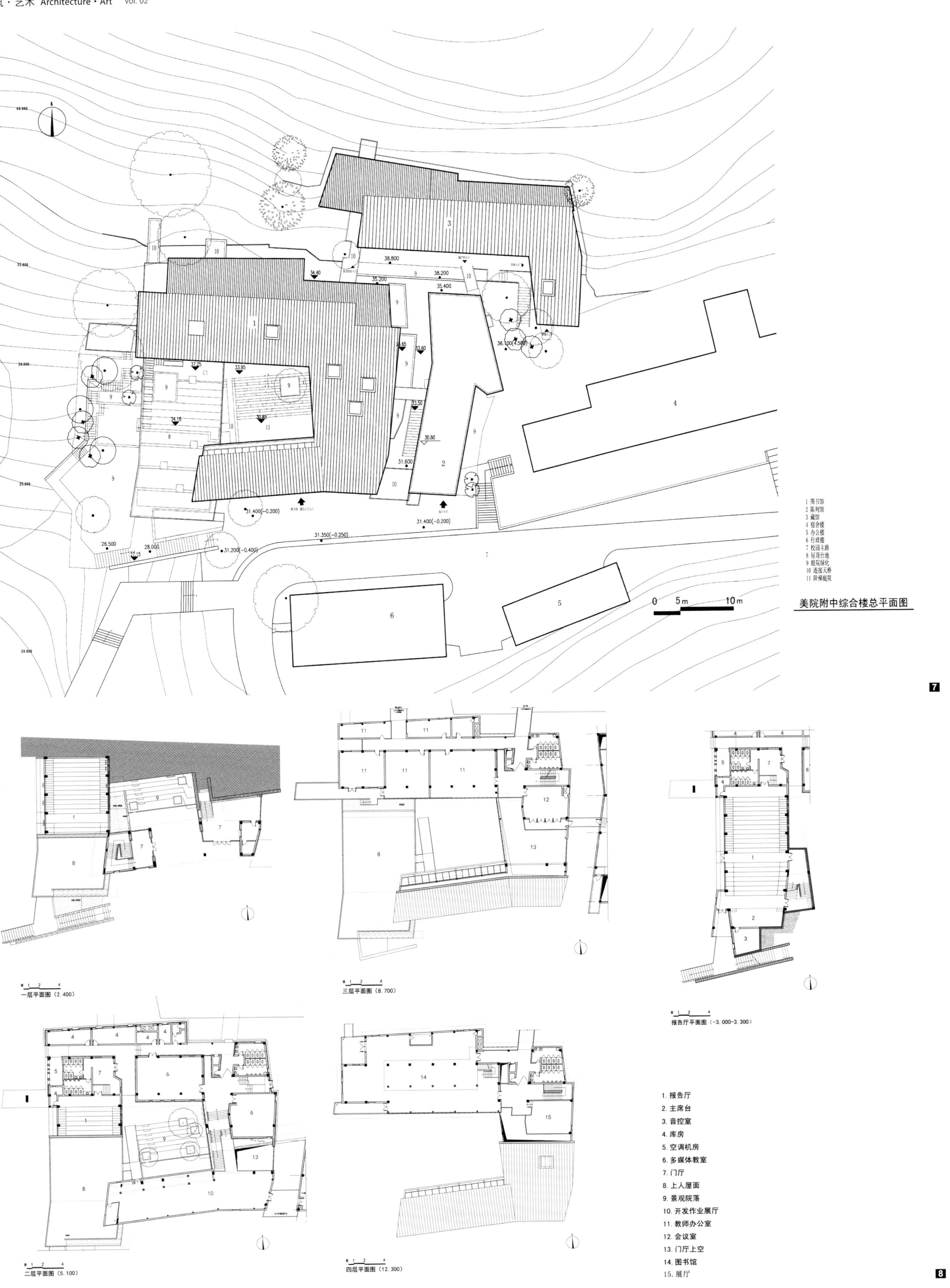
1 图书馆
2 陈列馆
3 藏馆
4 宿舍楼
5 办公楼
6 行政楼
7 校园主路
8 屋顶台地
9 庭院绿化
10 连接天桥
11 阶梯庭院
0 5m 10m
38.800
38.200
35.200
35.400
34.40
33.95
37.25
34.18
30.65
33.65
33.60
33.50
30.80
31.600
36.100(4.500)
31.400(−0.200)
31.400(−0.200)
31.350(−0.250)
31.200(−0.400)
26.500
28.000
美院附中综合楼总平面图
7
一层平面图（2.400）
三层平面图（8.700）
报告厅平面图（-3.000-3.300）
二层平面图（5.100）
四层平面图（12.300）
1. 报告厅
2. 主席台
3. 音控室
4. 库房
5. 空调机房
6. 多媒体教室
7. 门厅
8. 上人屋面
9. 景观院落
10. 开发作业展厅
11. 教师办公室
12. 会议室
13. 门厅上空
14. 图书馆
15. 展厅
8

通穿越屋内的石径山道、锈钢板竹池、挺拔的铝质遮阳叶等。技术的体现也相当重要，比如有别于传统营造的木混合结构或是拉索钢构在视觉上更易激发起人们的兴等。在多元发展的需求，也促使人们在尊重传统的同时极探索新构造、新技术的运用。

向民间营造学习，保持新乡土民居的开放性与场所和力也成为本设计饶有兴趣的一次尝试。此外，在山地落中栖游的情境体验既是方法也是目标，贯穿始终。从用情况来看，课余渐渐增多的同学，表明了他们日益乐其中，相信这会是他们校园生活中一个值得回忆的地方

9

10

11

12

图 9 隐于山地中的综合楼
图 10 “山地广场”
图 11 南侧实景
图 12 阶地内院仰望
图 13 通透的中厅

图 14 报告厅西侧
图 15、图 16 小坐望远的木质阶地
图 17 报告厅上的“山地广场”
图 18 阶地内院俯瞰
图 19 主入口门厅仰视

图 20 报告厅外的风景
图 21 图书馆“山径”
图 22 二层中庭的钢木混合结构
图 23 报告厅上的“山地广场”

场地生成景观
——从场地与周围环境资源整合的角度探讨景观设计新思维

陈鸿雁　　广州美术学院

Land Leads to the Design
— Discussion on the Combination of Land and Environment

Chen Hongyan　　Guangzhou Academy of Fine Arts

本文通过对景观设计教学和设计实践的总结，提出要从场地资源和其周围环境资源的系统分析开始，进行有效的资源优化整合，以适合场地的生态手法解决设计任务中的存在问题；目的是让设计中的场地和周围环境决定景观设计，影响生态景观设计，结果是场地生成具有场地特征和场地生态的景观设计。提出用功能景观解决场地存在问题，场地决定景观的设计方向。

图 1　小洲村航拍图

在实际的很多工程设计或景观设计教学中，我们可以看到存在某些不顾场地特征和周围环境资源传统的直接模仿设计，模仿其他不同场地特征的景观设计手法或样式，或者是对外来植物的直接移植；学生也存在抄袭出版书籍、杂志的景观设计手法，只注重设计形式，忽略要面对的场地特征和资源。这是对场地和周围环境资源的忽视。这种风气就如现代主义的设计，忽略地域特点的差异和不同文化传统资源，而强调模数化、工业化和几何化的模式，在全世界进行千篇一律的僵化设计。反对现代主义的建筑师，如亚历山大，他通过自己的建筑实践和著作《建筑永恒之道》、《建筑模式语言》等，提倡建造适合不同地域文化和气候的地域建筑。在城市设计领域有扬·盖尔的著作《交往与空间》，反对现代主义忽视建筑体之外的城市交往间的设计，主张建造适合休息交流的城市空间，主张建步行城市和适合交往的柔性边界街道空间。

那么，在景观设计教育领域中，我们如何开拓新设教育思维？学生面对不同的景观设计、不同的场地特征如何进行有效的设计，反对单一的模仿和抄袭行为呢？是本文要探讨的问题。北京大学的俞孔坚教授提出“景安全格局”、“追求场所精神性”，主张对土地的深入究和尊重，面对不同场地实施不同生态的设计手法。景生态设计大师麦克哈格（Mcharg）从不同角度研究土地地资源，形成生态的设计方法“千层饼生态设计模式”主张“设计遵从自然”。在景观设计教育和自己的实践程中，笔者提出了“场地决定景观，利用景观解决场地问资源优化整合”的设计思维。也就是说，在面对不同场或景观设计任务时，学生首要的是系统分析场地资源和围环境资源，研究和尊重场地生态，并对这些资源进行效的优化整合，解决场地景观问题；资源优化整合得到特的、适合特定场地生态的景观设计方案，才是创新的计。对景观设计教育领域来讲，我们同样要强调“场地成景观，尊重场地生态”的设计思维——人与环境的和景观与人的和谐，场地景观与周围环境文脉资源的优化合。这是有效避免设计师、学生抄袭和生硬模仿其他设的新思维。

设计师要做到“场地生成景观”或者设计具有非常值的“资源整合”，就要有具体的设计过程。

1. 从场地研究出发，深入和系统分析场地资源和围环境资源（包括有利资源和不利的限制因素），为后的设计寻找依据。第一种：资源的分析方法可以借鉴和景观生态设计大师麦克哈格（Mcharg）的“千层饼分析法”，从系统的场地资源和周围环境资源进行分析，并出可以优化的资源；同时寻找到景观设计的依据。第二在拉普卜特的《建成环境的意义——非言语的表达方》中，大师参考并深化分析霍尔（Hall）对建成环境的类：① 固定特征因素；② 半固定特征因素；③ 非固定特因素。依据场地生态进行景观设计；让特定的景观设计案适合特定场地生态，达到设计结合场地，设计结合自的目标。

2. 研究场地的生态资源，让景观适合场地的生态。所的“场地生态环境”指在不同的场地中，影响生物体成、发育或死亡的外界因素，包括场地的阳光、土壤、空气、质等。场地生态特征表现为良性生态环境和恶性生态环。对设计来说，特定的景观就要适合场地的本土良性生环境，如果我们强行移植异地或国外的景观植物、花种在本土的场地种植，那么本土的良性场地生态环境就成不适合移植植物的恶性生态环境。正如北京大学俞孔坚授一直反对在景观设计中种植外地植物、移植国外绿化反生态做法。这是相对的场地生态环境，所以我们非常必要研究场地生态环境，尊重场地生态，并为特定场地计适合的生态景观。

3. 资源的优化整合，按场地功能要求，解决场地问题，成功能景观设计，也就是创新的景观设计。我们说的功景观，就是利用景观设计解决特定场地存在的负面问题，营造新的良性空间。

北京大学俞孔坚教授提出一个完整的景观设计过程包：①陈述模型；②过程模型；③评价模型；④改变模型；影响模型；⑥决策模型。也就是说，前三个阶段着重于何认识问题和分析问题，即认识世界；而后三个阶段着于如何解决问题，即改造世界。经过上述几个综合过程，生的景观设计方案就是依据场地特征并整合资源的创造设计，也是对场地的尊重；设计也是场地生成景观设计案的思维过程，而不是僵化地抄袭和模仿。在不同的场和设计任务中，也得到不同的有差异性的景观设计方案，到适合不同场地特征的资源整合设计。在具体的教学和计项目中，由于每个场地和周围环境不同，设计思维、析过程、资源整合和解决问题的过程也灵活变动。下面几个设计案例进行分析“场地生成景观，功能景观解决地问题”的设计思维。

、广州小洲村景观改造设计——“生态技术景观”①

1. 项目背景介绍：小洲村位于广州市区中部，海珠区南部的万亩生态果林之内，与广州大学城、生物岛隔江相望（图 1）。

2. 场地和周围环境资源的研究分析过程。

资源详细调查：历史文化保护区域 71.33hm²，其中：果园 13.71hm²，水域 11.14hm²，城市居住用地 47.02hm²，工业用地 0.45hm²，公共设施用地 2.09hm²，道路和广场 3.74hm²，绿地 1.13hm²，小洲村重点保护区域 25hm²，生态果林 8.87hm²。

从资源利用和整合的角度出发，归纳小洲景观元素，并抽取小洲景观元素：①小洲村的内部资源——天然的果树绿化景观，环抱的河道和随珠江潮涨潮落的河道景观，古老的建筑景观（寺庙建筑和民居建筑）和传统的节日景观，适合人交往、交谈和停留的室外空间；②在村外的可利用资源，有万亩生态果园景观（图 2、图 3），与小洲相连的珠江分水河道、开阔的外围空间、自然的风力资源、充裕的太阳能资源。形成固定特征因素——大量的有价值旧建筑（图 4、图 5），2 ～ 2.5m 的街巷和高大果树。半固定特征因素是万亩生态果园及河道。非固定特征因素——良好的居民交往行为。

3. 场地和周围环境的限制因素和不利资源影响分析：严重的水道污染、高架桥交通的污气和噪声影响，老建筑（寺庙建筑和民宅建筑）的空置，退潮后河道不雅的脏废景观，没有明确的导向景观设计。

在着手小洲项目的过程中，尝试将这些资源进行合理优化整合，强化小洲景观，设计属于小洲原生态的场地景观。具体的设计手法如下：

第一，资源优化整合，利用开阔的小洲外围环境自然因素，利用风力和太阳能发电，形成一道利用自然资源的风车大景观，也是小洲村外围在尺度上高于万亩果园尺度的动态景观。电力可供小洲村民使用（图 6）。

第二，利用小洲外围的生态万亩果园场地，种植大量可净化水质的湿地植物，引入新的净化水质高技术因素，组成污水处理的生态净化景观场地（图 7）。原本的果园仅是盛产果树和提供氧气，并没有更多其他功能。在资源整合中，利用万亩果园作为生态污水处理场地，同时将果园向村民开放，成为教导村民环保知识的生态开放公园，形成人——生态环境——互动参与的过程。经过生态公园处理的水已是干净的水质，再流入小洲村，供村民使用，如在河道游泳（图 8）。

第三，强化小洲村的固定特征因素，即小洲的三个景观层次 :①高尺度的绿化果树景观；②中尺度的传统建筑景观；③低于地面尺度的动态河流景观，并将小洲局部固定特征元素贯穿整个村子，创造更加适宜居住和交往的空间。正如扬·盖尔所著的《交往与空间》一书中提到的“柔性

图 2　小洲村绿化 1
图 3　小洲村绿化 2

空间界面，适合交往，停留和步行的城市”。设计后的小洲具有这样的空间和景观。

第四，利用河道贯通村内外交通，利用河岸湿地种植小洲特色湿地景观，也改善水质，创造属于小洲村的一种原生态绿化景观（图 9）。

另外，对小洲的限制性条件和不利资源，我们也采取置换功能和重构新景观的手法，共同组成属于小洲的资源景观。

第一，将从高空横穿小洲的交通高架桥，改造成小洲村的景观跑步道。将距离地面 7m 的高架桥地面空间设计成跑道，并在其两边种植高且密的植物吸收汽车噪声，让村民在高架桥下的地面跑道漫步欣赏万亩果园景观，为村民创造小洲村内所缺乏的运动空间。同时，在高架桥地面空间和其他道路交接节点，设计成简易小洲水果交易点，增加村内外的交流（图 10）。这样，原本给小洲带来负面作用的高架桥就变成小洲村的活力组成部分。

第二，旧建筑的合理开发利用，改造成“艺术家工作室”，让建筑具有新的景观面貌，组成小洲村新视线。

在小洲村设计案例中，重视本村资源和周围环境资源的优化整合，并用生态技术景观的概念解决小洲村的部分问题。

4

5

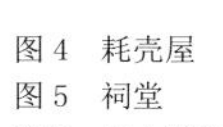

图 4　耗壳屋
图 5　祠堂
图 6　风力发电景观
图 7　污水
图 8　污水处理的过程景观

6

7

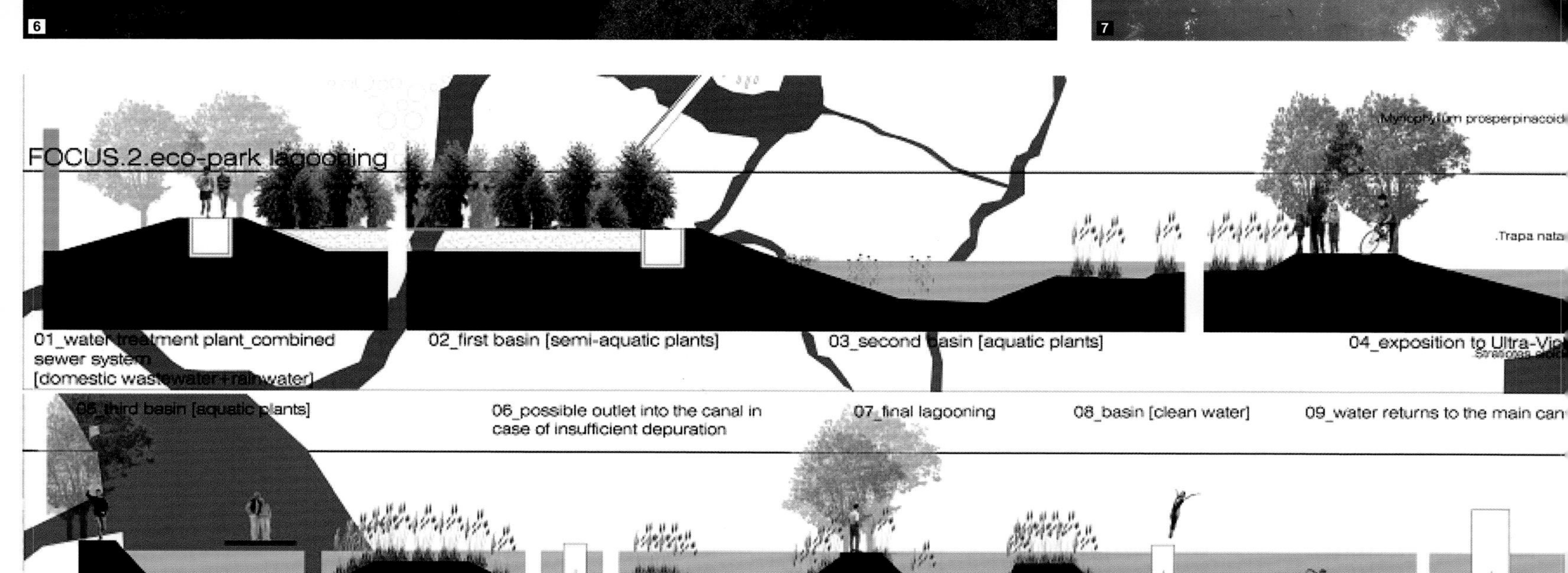

8

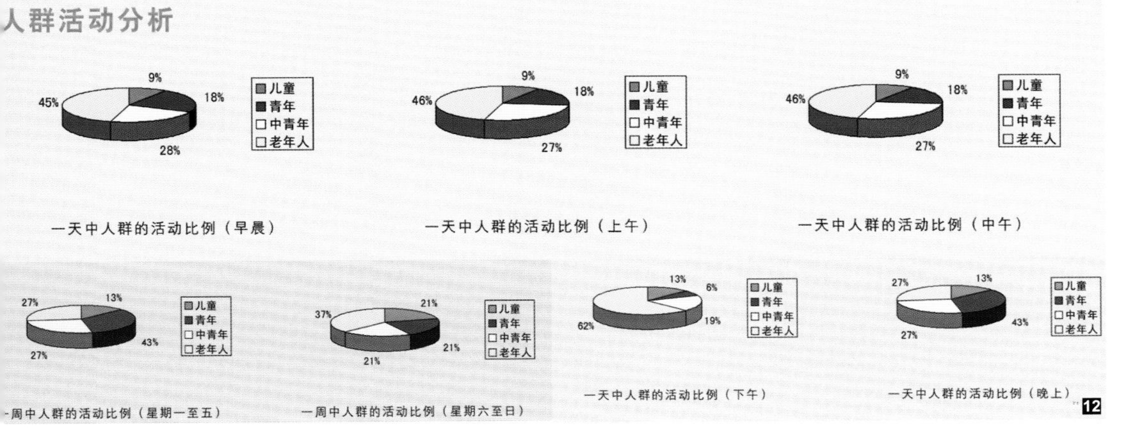

二、广州市海珠广场的改造设计——“市民性广场的回归，功能景观广场回归”[②]

1. 项目介绍：海珠广场位于广州旧的城市轴线上，是广州市面积最大的开放广场（约 20000 多平方米）。海珠广场一直是市民聚会和交流的开放空间，是 “广州城市客厅”。但这两年，由于广州的地铁在海珠广场有几个出入口，广场进行了重新设计。思考在新的设计中，我们该怎样保持广场的开放性和非常的价值；怎样将广场和周围环境进行资源优化整合；该种植什么类型的绿化植物（图 11）。

2.“市民性的回归，功能景观广场回归”的应对策略。

第一，对海珠广场的场地资源进行系统的调查和归类。包括：绿化资源——适合南方炎热气候的大榕树等，场地的人流和使用行为，场地与周围建筑的关系，场地小气候的分析等。

第二，对周围环境的资源进行调查和归类，包括：商业类别资源、交通，车流密度、海珠大桥对广场的影响、珠江对广场的有利影响因素等。

第三，从资源优化整合角度出发，以适合场地和周围环境的生态手法进行设计。设计中强调广场回归于市民使用，强调用景观规划设计解决海珠广场的场地问题，主张种植适合广州炎热气候特征的绿化植物。海珠广场的设计定位是功能景观广场，是开放的生态广场（图 12、图 13）。

第四，具体设计安排。

（1）资源整合，依据广州炎热气候，在广场种植大榕树，提供市民聚集和休息的场所。

（2）整合广场的市民使用行为，用景观元素划分广场的功能区域，即功能景观分区。研究在广场中形成多年的市民聚集和使用行为习惯，依据系统的行为研究结果更合理地划分功能。即对广场中非固定特征因素进行归类分析，才能避免盲目地仅设计好看而不实用的绿化造型、铺地造型等。功能景观区域：健身区景观、粤剧表演区景观、爱国歌曲演唱区景观、聚集交流区景观、喷泉广场景观。每个区域都有自己的功能，并形成相对独立的围合小空间，这是市民按自己爱好习惯和聚集行为划分的功能区域（图 14）。

（3）周围环境商业资源的整合利用。在广场街道外围设计广告位置供出租，利用商业广告资金维护广场运作，形成良性的以周围商业广告收入维护广场的正常运行。

（4）文化资源的整合。把广州的文化传统抽象化，并通过海珠广场的雕塑表现广州的主题文化，例如广州西关风情雕塑、广州五羊雕塑、广州海珠风貌等。

（5）广州市井文化资源的运用。在海珠广场的设计中，有机地把市井文化运用在休息场所中，让市民回归到属于广州本地的市井文化休息空间中进行交流。

（6）珠江水文化资源的运用。在海珠广场中，设计喷泉空间，其功能是：①可以净化空气，给广场市民提供比较良好的空气质量；②用水声模糊汽车噪声，减少噪声干扰；③珠江水文化的延续，强化广州水文化的表现；④用经过处理的珠江水作为喷泉水，是生态可持续的做法。

经过对场地和周围环境资源的系统分析，从场地的特征出发，利用资源优化整合，营造适合广州气候和市民使用的功能景观设计，海珠广场和周围环境因素决定了场地的景观设计方向（图 15、图 16）。

图 9 净化水质的生态果园

图 10 高架桥桥底空间改造：水果交易、观景、运动空间

图 11 海珠广场透视图

图 12 海珠广场使用人群调查

13

14

15

三、广州市江南大道沿线景观设计——生态的遮阳景观设计[3]

1. 项目背景介绍：广州市江南大道沿线景观设计。广州市江南大道路处广州海珠区，周边有商业区域，居住小区和大学校园等，人员素质较高，有知识分子、中产阶层人士，总人口密度比较大。该路虽然八车道宽，两边的人行道各宽 6m，但由于地段经济的发展，道路车辆已繁多，两边行人也拥挤起来。

2. 设计思路过程——“生态的遮阳景观设计”。

第一，对该路段的居住人群进行系统调查和分类，得出使用人群的知识领域层面和使用要求——以知识分子、中产阶层人士为主。

第二，对路段和周围环境进行资源调查，抽取可利用或可以共享的资源，目的是形成 “广州江南大道信息资源路”——信息设备、信息导航装置被安置在街道中，便街道人群查阅广州信息资源（图 17）。

第三，从广州的气候条件出发，设计适合广州炎热气的行人道——种植大树冠和遮阳的榕树，设计可停留休闲的街道简易景亭。

第四，在人行道设计中使用生态环保的材料，并结信息设备资源营造属于该路段的车道和步行道——使用废弃并经处理的厚纸板和雨伞防水布，让行人自主参与道遮阳形态设计（图 18）。

第五，在设计中“提倡体验街道生活”，“让街道为可以逗留、停观、休息和交流的柔性边界空间”。仿街道的树枝和树叶形态，设计新的街道遮阳工具或小空间活跃街道的生活气氛（图 19、图 20）。

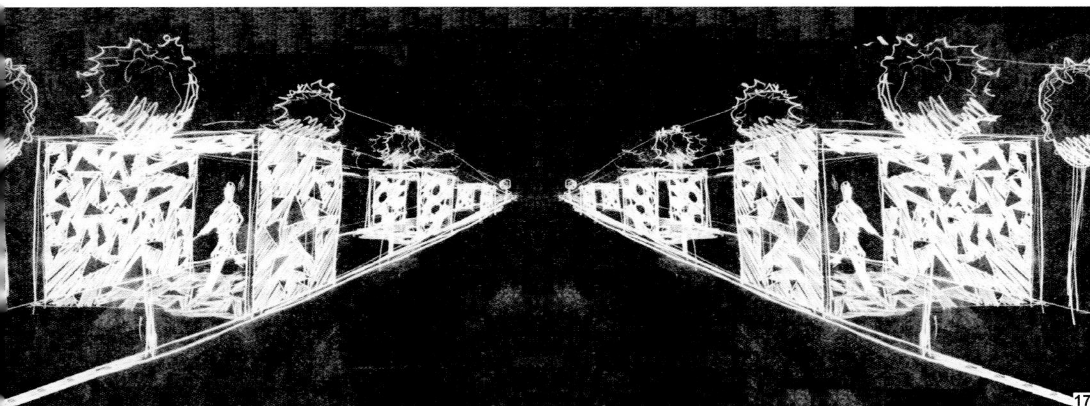

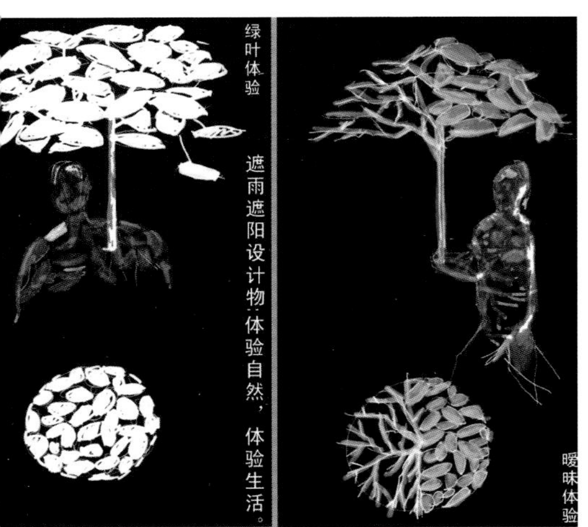

图 13　海珠广场透视图
图 14　海珠广场歌唱区
图 15　海珠广场喷泉 1
图 16　海珠广场喷泉 2
图 17　街道简易信息亭
图 18　街道遮阳带
图 19　体验遮阳工具 1
图 20　体验遮阳工具 2

四、结论：场地决定景观设计，设计功能景观，利用资源的优化整合解决场地的存在问题

现实中的确存在设计师或者学生盲目抄袭书籍中的设计案例，模仿不适合设计场地生态，不适合环境自然条件的景观设计实例的现象；单一追求景观绿化造型、铺地的几何图形，或者搬用其他广场构件元素，不合理使用昂贵材料等做法也同样存在；我们常看到国内景观场所种植外国树种绿化或花种，移植异地的绿化，造成大量的维护费用负担，导致异地绿化景观受破坏，更导致树种或高贵花种绿化客死异乡；我们也看到国内的很多广场都铺厚石板，导致在炎热气候的地区发生石板吸收阳光的热量后反射，广场成为一个热量场，让人不敢停留甚至中暑；这种为追求国外潮流或时尚而无视场地本身资源和场地生态的抄袭设计行为，应该杜绝。设计师在实践，以及学生在学习中应该掌握场地决定景观设计的思维，从场地资源及其周围环境资源的系统分析开始，进行有效的资源优化整合，以适合场地的生态手法解决设计任务中存在的问题；目的是让设计中的场地和周围环境决定景观设计，影响生态景观设计，从而生成具有场地特征和适合场地生态的景观设计。

注释：

①广州市小洲村景观改造设计，是广州美术学院，华南理工大学和意大利费拉拉建筑学院的交流研究课程（中国和意大利的中意年交流项目，中国政府和意大利政府主办）。

②广州市海珠广场的改造设计——“市民性广场的回归，功能景观广场回归”。该作品获得“第三届中国高校环境艺术毕业设计作品大赛景观类金奖”（中国建筑学会室内设计分会主办）。

③广州市江南大道景观设计。生态的遮阳景观设计，该作品获得“为中国而设计——第二届中国环境艺术设计大赛入围作品奖”（中国美术家协会主办）。

参考文献：

[1] 俞孔坚，李迪华．景观设计：专业学科与教育．北京：中国建筑工业出版社，2003. 1.

[2]（美）阿摩斯·拉普卜特．建成环境的意义——非言语表达方法．黄兰谷等译．北京：中国建筑工业出版社，2003, 8.

[3]（美）伊恩·论诺克斯·麦克哈格．设计结合自然．芮经纬译．天津：天津大学出版社，2006, 10.

由建筑表皮的形态构成方式谈其演进过程

曾克明、曹国媛　　广州美术学院

Discussion on Evolution Process of Building Skin on Morphosis

Zeng Keming,Cao Guoyuan　　Guangzhou Academy of Fine Arts

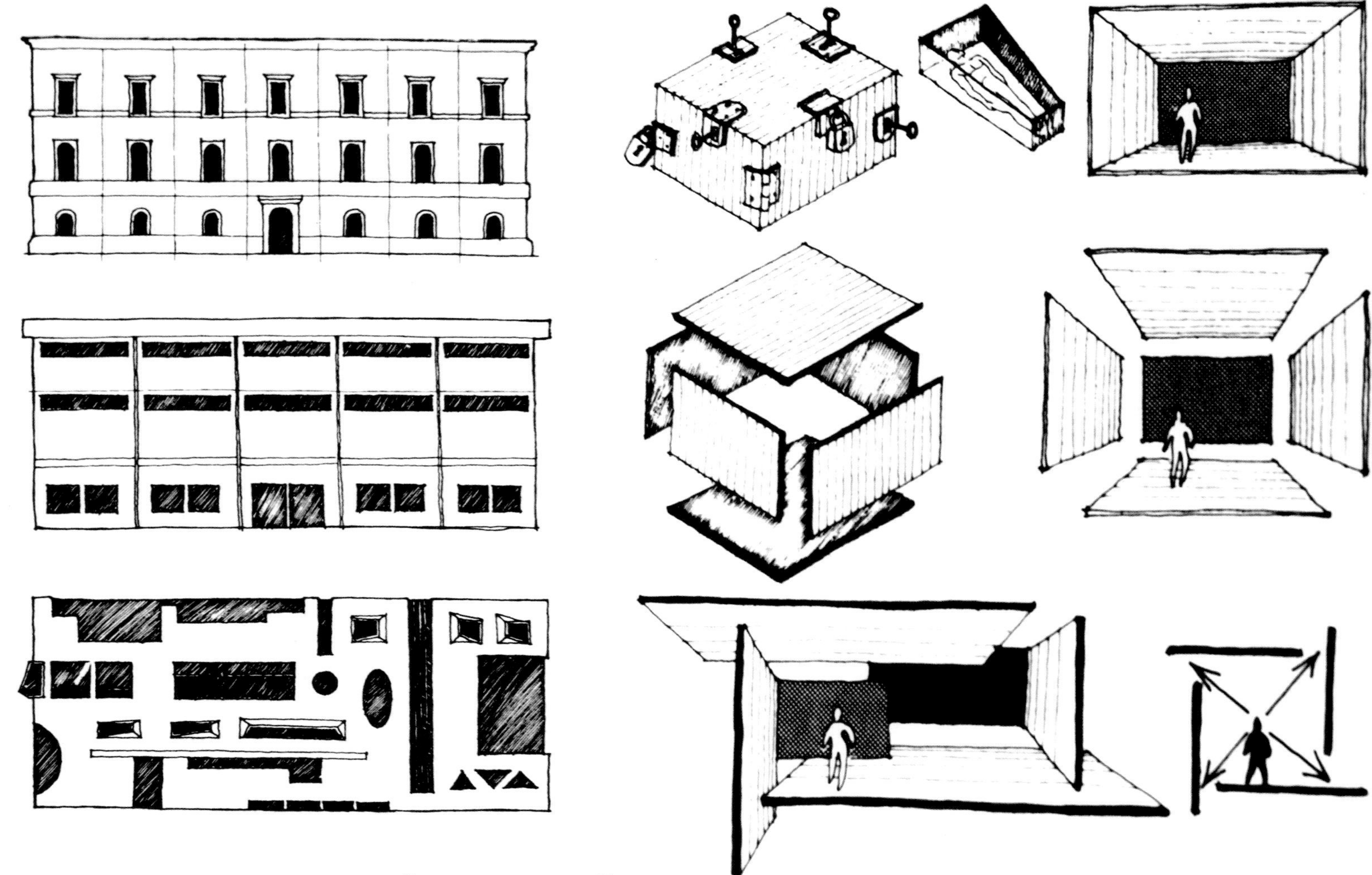

1

2

3

4

墙面上开窗的各种形式
四维分解示意图
、图4 东京御本木珠宝店（Mikimoto Ginza2, Tokyo）

21世纪以来，新的哲学、美学观念在不断发展的材料和建构技术支持下，催生了新的建筑表皮构成方式，使当代建筑呈现出新的气象。但与此同时，人们对建筑表皮的解读也变得不易。本文试图在梳理建筑表皮形态构成方式的基础上，对建筑表皮演进过程加以阐释，以期从现实与历史两个维度充分解读建筑的表皮。

建筑表皮的定义

在建筑历史中，表皮（surface）并不是一个清晰单一的概念，它通常被理解为建筑空间的围护结构nclosure），是承担建筑外部围护界面的物质系统。不同语境当中，建筑表皮呈现出的是一个不同内容的动概念，具有复杂多样的内涵①。

建筑表皮不仅为人类活动提供庇护，而且还承担着要的文化意义，即同时具有物质——本体，和精神——现的双重属性。从其物质——本体出发，建筑表皮需应遮蔽、保温、通风、采光等人类生活的基本需求，这些杂多元的要求，单一的建筑材料未必能够同时满足，故建筑表皮常常会以层面复合的形式出现。阿道夫・路（Adolf Loos）在1898年的论文《覆层原则》（“The inciple of Cladding”）及其后1908年的《装饰与罪》（“Ornament and Crime”）中，曾指出墙体覆层作空间围护的重要性②。另一方面，从建筑表皮的精神——现出发，我们可以发现建筑作为人类创造的艺术，其表承载着我们对于世界的理解与认识。建筑表皮一直以来没有脱离对地域美学观念及民族文化的阐释，即使是提去除表皮装饰的现代设计大师，依然通过纹理优美的抛光石材使建筑表皮具有勃勃生机。所以，表皮不断变化的视觉景象不仅与其物质性有关，还与传达的精神意义有关，此二元属性注定它将具有复杂变幻的形象。

二、建筑表皮的形态构成方式

“形态构成”自包豪斯设计学院成立开始便有了长足的发展，包豪斯设计学院在教学当中对构成的研究与创新为现代设计提供了坚实的基础。所谓形态构成，通常是指将现实世界的形态抽象为点、线、面、体，红、白、蓝三原色，或黑、白、灰等造型要素，按照美学法则、力学原理等规律加以组织的过程。对于建筑表皮，其形象的最终呈现受其表面肌理、色彩、质感、光影等诸因素的影响，但就其形态构成而言，建筑表皮首要解决的问题是处理窗与墙之间的构成关系。窗用于采光、通风，墙则用于遮蔽内空间，两者是建筑表皮的基本组成构件，也是建筑表皮中重要的构成要素。下文将从窗与墙出发，探讨随着两者相互关系的变化，为建筑表皮带来的全然不同的形态构成方式。

第一种方式可以概括为“实墙上的窗洞”，这是一种建筑表皮的基本构成方式。在这一构成方式中，墙与窗的功能各有不同，界限清晰：窗一般被看作是墙面上的“图形”，隶属于墙；墙则被看作是“底”，设计师需要做的就是在满足空间内部功能要求的基础上不断探究墙面开窗的形式。这种表皮形态中的实墙一般被理解为一个有厚度的“覆层”实体，窗则很多时候被理解为一个有玻璃覆盖

图5～图7 乌得勒支大学图书馆（University Library of Utrecht）
图8 柏林GSM总部办公楼（GSM Headquarters，Berlin）
图9、图10 萨夫伊别墅（Villa Savoye France）
图11、图12 巴塞罗那世博会德国馆（German Pavilion at the International Exposition of 1929,Barcelona）
图13、图14 仙台媒体中心（Sendai Mediatheque）

的“洞口”，虽然个别时候窗也会有凸出或退入墙面的情况，大都是附属于墙的。基于不同的建构技术，这种建筑表皮的形态构成方式有着不同的表现形式（图1）。

第二种方式是利用“四维分解法”获得建筑表皮。其具体做法是将框架结构内围合空间的墙面、顶面、底面等分解为不同方向的壁板，然后将这些壁板进行伸缩变形，再重新组合构筑出新的建筑形式（图2）。这一方法被布鲁诺·赛维视为现代建筑的语言之一，它的运用不仅消解了静止的方盒子空间，创造出“流水般的、融合的、连续动感的空间”[③]，同时也消解了窗与墙的界限，创造出新的建筑表皮形象。对纯粹的“面”的强调，使得建筑表皮不再囿于实墙面上开窗的问题，窗不再是墙上的“图形”，它被扩大为整个墙面，也可以说是墙自己转变成了窗，墙即窗，窗即墙。此时，建筑表皮的形态发生了巨大的变化，设计师需要做的是在空间中探究不同“面”，即窗面、墙面的比例尺度以及它们在不同视角下的合理构成方式。

第三种表皮的构成方式是将建筑表皮看作是连续完整的界面。此时，不仅仅墙与窗的界限消失了，而且各个方向墙面之间的界限也消失了，整个建筑的外表面被赋予了相对而言独立于内部空间功能的完整的“皮肤”。这种表皮构成方式的设计重点不在某个局部的面，而在于探究变化丰富的、细腻的表皮整体效果。设计师关心的问题转变为如何利用窗与墙的虚实关系创造出美轮美奂的整体形象；或是如何附和消费社会的需求，在建筑表皮中体现某种视觉图像；又或是引入生态技术，使建筑表皮真正成可以呼吸的皮肤（图3～图8）。这类建筑也被直接称为“皮建筑”，因为它们都具有通过建筑表皮制造强烈外在象的特征。此时的建筑表皮并非仅仅是围合空间的墙面设计师依赖于各种材料、表皮结构及建构技术，跨越了与面之间的差别。

三、建筑表皮的演进过程

虽然建筑表皮的这三种形态构成方式其外在表现形相去甚远，有时甚至会在同一建筑中交叉呈现，但它们间具有相当密切的关系，其内部存在着某种演进的秩序。

首先，对于“实墙上的窗洞”这种构成形式，并不一成不变的，它经历了一个由繁到简、由对称构图到偏构图的发展过程。19世纪工业革命以前，西方古典建筑具有庄重的正立面，它们采用对称的构图、严格的比例精致的装饰，使得建筑看起来更像一个艺术品。这时的筑表皮同时也是主要结构，墙面承担着建筑的竖向荷载建筑上窗洞的面积及位置受到严格的限制，所以在厚实墙体上进行雕琢成为改变建筑单调形象的重要手段。工革命后，新材料、新结构形式的出现使建筑表皮，尤其墙面摆脱了承重的任务，成为单纯的、独立于结构体系外的围护构件，这一改变使得在墙面上自由开窗成为可1926年勒·柯布西耶(Le Corbusier)提出了“新建筑五点其中“横向长窗”的原则使现代建筑具有了完全不同于

建筑立面的形象。虽然同样是在实墙面上开窗，但是现建筑的窗无需考虑承重体系的限制，窗在墙面上的位置、量、大小等完全可以按照内部功能或是设计者的意愿来排，而无需像古典建筑那样要求上下对位，且做不到水方向上的贯通。现代建筑在打破对称、以突出中心为目的三段式的古典立面形式的同时，建立了自由的建筑表形象，抛弃了在立面上精雕细琢的做法，这一方面受到立体主义”、“风格派”等抽象艺术流派的影响，另一面也受当时社会经济的影响。工业化的推进意味着社会重组，与建筑相关的问题首推工人住区水深火热的恶劣件[4]，在这样的社会背景下进行繁复的装饰显然不合时宜，洁的、被“烫平”建筑表皮更符合社会的需求。所以，代建筑中窗与墙的功能性很强，各种装饰都被取消了，计师们关注的重点是如何运用窗形成的图形来与建筑形相协调，以及如何使非承重墙体上自由布置的窗为建筑皮带来丰富的变化。但是这个变化是有限度的，因为现建筑更重视空间的艺术，空间的外在体量是现代建筑所表现的内容，所以“窗”作为空间界面“墙”的附属物现，它需要体现空间体量的特征。这一点可以从勒·柯西耶对于表皮与体量的阐述中得到证实，他认为：“体由表皮包裹着，表皮依照体量的准线和母线来划分，理突出体量的特征”[5]。他所设计的萨夫伊别墅（图9、图）就体现了这一思想，柯布西耶在处理二层花园平台朝庭园的界面时，并没有因为这里与两边的客厅及书房的能不同而采取不一样的尺度开口，而是出于保证建筑空完整体量的目的，采用了同高、同尺度的开口，与两边窗共同形成统一的、连续的带形虚面。这种按照空间体的基准线来设计空间界面，将所有的窗洞或出挑构件的向、边线等都建立与空间体量对位关系的方法，成为现建筑空间界面最为常见的处理手法。虽然具体的形式表各有不同，但都是在加强空间体量上做文章，并运用抽性的手法将各个空间界面要素组织起来。

其次，“分解的墙面”可以看作是窗与墙关系的继续旋。“实墙上的窗洞”这一表皮形态构成方式中，窗经一次解放的过程，其形式由单调的“阵列”转向上下错大小有别的相对自由形态，但是我们也不能否认此时窗基本上还是隶属于墙的。“四维分解”后这种关系发了巨大的改变，因为窗从墙面上“走”了下来，它直接于地面上，有了与墙一样的姿态，此时窗获得了与墙完平等的地位，或者说已经不存在窗与墙的分别。“窗”用各种玻璃材料，如磨砂玻璃、镜面反射玻璃、镀膜玻“U”形玻璃、玻璃砖等塑造出不同透明度、不同视方向、不同厚度的“墙”。例如密斯·凡·德·罗（Mies n der Rohe）设计的巴塞罗那世博会德国馆，使用了3类型的玻璃来扮演墙的角色：巨大尺寸的单层绿色透明璃和烟灰色玻璃直接落地，形成能透射和反射光线的墙双层乳白色玻璃构成半透明的光井，两个纯粹的方形现具有墙的特征，光井在正午时分将屋顶上射下的光线射进建筑中，让人联想到教堂弥漫的神秘光线效果（图、图12）。这一建筑通过尝试采用不同透明度的玻璃，得了如同在实墙上开窗洞所取得的照度，而且使照度更均匀，空间界面也更加纯粹，建筑表皮真正成为内外活的背景。不仅如此，巴塞罗那世博会德国馆还首次采用干挂的构造方法来建构实墙面[6]，这种工业化的构造方使拆卸和安装一样方便，此时的墙也是安装在建筑上的，得像玻璃一样轻巧，具有了与窗类似的特征。“四维分法”在创造流动空间的同时，也使建筑发展到一个更加

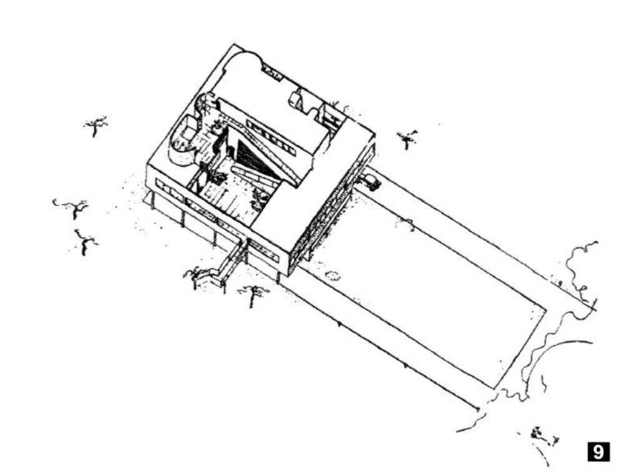
9

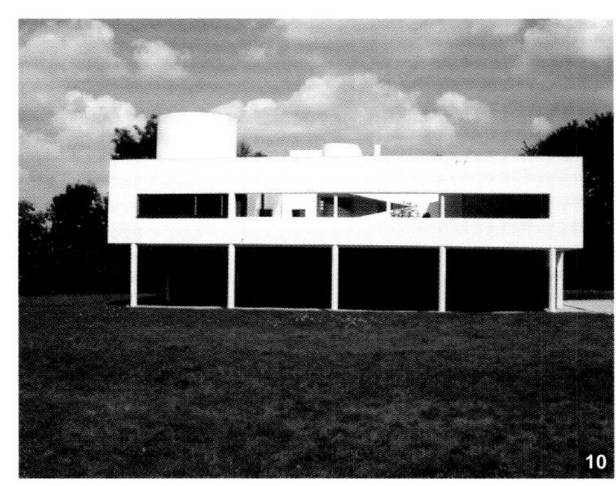
10

11

12

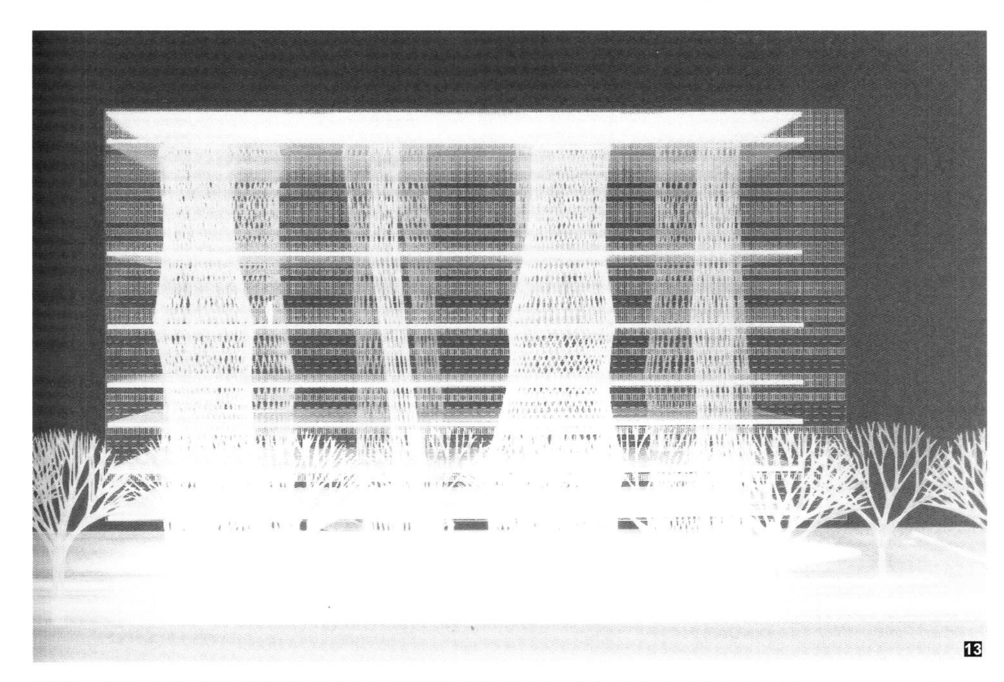
13

14

自由的领域。对窗和墙全然不同的理解，使建筑表皮的设计重点转向推敲“面”在空间中如何以艺术的形式呈现，以及我们如何将这些“面”与结构体连接，同时兼顾其材料的各种可能性和自身的整体性问题。

最后，我们可以发现，当分解后的窗和墙都变成为围合空间的“板”面时，它们慢慢转化成为一种放置或悬挂在框架结构体前面、后面或中间的“幕布”，即“连续完整的界面”——上文所提及的第三种表皮的形态构成方式，此时建筑表皮已经摆脱了窗墙之争，“四维分解法”创造的流动空间也不再重要，建筑表皮开始跃升为主角，以一个独立完整的概念表达自己。建筑表皮新形象的出现也有其社会经济及文化发展的背景。1966 年罗伯特 · 文丘里（Robert Venturi）出版的《建筑的复杂性和矛盾性》首次对现代建筑提出了质疑，认为现代建筑的国际化形象对地域文化和生活带来了负面影响，虽然文丘里没有提供解决的办法，但是他改变了人们将建筑表皮只作为空间内、外分界的传统观点，使人们开始反思建筑尤其是建筑表皮在多元化社会中应发挥的作用。1967 年居伊 · 德波出版的《景观社会》中指出景观不是附加于现实世界的无关紧要的装饰或补充，它是现实社会非现实的核心。这一观点可以推演到建筑表皮，即建筑表皮不仅仅是建筑的外观，它就是建筑本身。此外，由于信息技术的发展，使我们可以在任何场合与外界保持联系，互联网技术拓展了人类的生存空间，而且使得几乎所有的地方都具有某种明显的共同点，建筑空间的功能在不断同化，空间形态又重新回到古典建筑一样的大盒子形态，室内空间开放灵活，建筑表皮也与内部空间功能的模糊性相对应，强化轻柔的动态感，不去刻意表示任何特定的意义，只展现它自己。例如伊东丰雄（Ito Toyo）设计的仙台媒体中心（图 13、图 14），建筑空间趋于集中、统一，没有统一的尺度，内部空间灵活多变，建筑表皮不强调体块、材料和质感。赫尔佐格和德梅隆的设计也体现出这些特征，他们用没有任何象征意义的图像回应了视觉图像在当代的统领地位（图 15 ～图 17），同时，也尝试创造性地处理材料，并获得与其原有外观完全不同的视觉形象。瑞士路住宅（图 18、图 19）这种新的“编织”方式使我们联想到人类最早的建造空间的方式，即建筑表皮的原初状态——围栏或栅栏[7]。建筑表皮经历了一系列的斗争与发展后，重新回到了它起点的位置，只是站在了一个全新的高度上（表 1）。

图 15 ～图 17 瑞克拉厂房（Ricola Europe, Inc）
图 18、图 19 瑞士路住宅（Apartment Building of the Swiss Road）

建筑表皮形态特征分析

特征 / 表皮形式	与空间体量的关系	“窗”与“墙”的关系	光影特征	建造技术	表皮的形式趋向	与外部空间的关
实墙及窗洞	强调空间体量	墙面开窗，窗附属于墙	光影创造建筑，明确的体积感	自承重墙	抽象	向内、封闭
分解的墙面	分解空间体量	窗与墙分离，两者平等	玻璃上的深影，体现空间深度	自承重或外挂结构	抽象	向外、开敞
连续的表皮	弱化空间体量	无所谓墙与窗	轻柔缥缈的光影形象	完整的表皮结构	具象	向内、开敞

图片来源：

图 1：布鲁诺 · 赛维著．现代建筑语言．席云平，王虹译．北京：中国建筑工业出版社，2004:9.
图 2：布鲁诺 · 赛维著．现代建筑语言．席云平，王虹译．北京：中国建筑工业出版社，2004：32.
图 3：domus. 2006(8):10.
图 4：www. flickrhivemind. net.
图 5：时代建筑 . 77:136.
图 6：方案鸟瞰图选自（瑞士）W• 博奥席耶，O• 斯通诺霍编著．勒 · 柯布西耶全集，第 1 卷．牛燕芳，程超译．北京：中国建筑工业出版社，2005:174.（照片下载自 www. flickrhivemind. net）.
图 7：www. chez. com.
图 8：EL croquis. 2006(1):8.
图 9：孙喆．关注建筑表皮．建筑师，110:40.
图 10：www. abbs. com. cn.

注释：

①冯路．表皮的历史视野．建筑师，110:6.
②转引自，同上 :7.
③（意）布鲁诺 · 赛维著．现代建筑语言．席云平，王虹译．北京：中国建筑工业出版社，2004:31.
④贾倍思著．型和现代主义．北京：中国建筑工业出版社，2003:24.
⑤同上 :28.
⑥朱竞翔，王一峰，周超．空间是怎样炼成的？——巴塞罗那德国馆的再析．建筑师，105:90.
⑦森珀（Gottfried Semper）在其论文《纺织的艺术》（“The Textile Art”）中认为围栏和编成的栅栏是人类发明的最早的空间围护。转引自冯路．表皮的历史视野．建筑师，110:6.

一张禅椅的“前世今生”

雍

The Past and Future of a Zen Chair

a Yong

图 1 颇具古风的现代坐椅

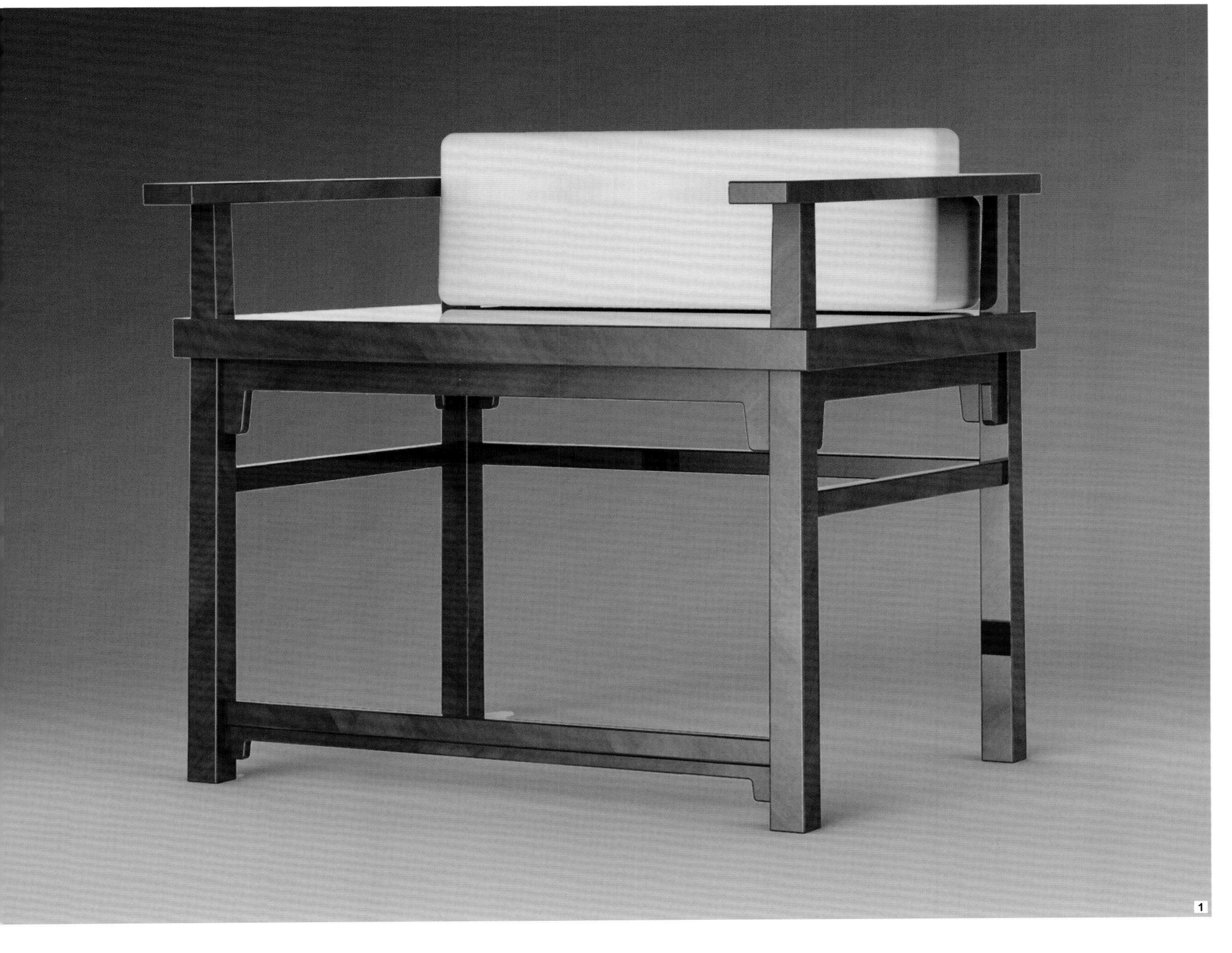

图2 宋人——《画罗汉》
图3、图4 宋人——《十八学士
图5 明式——田黄木禅椅

“禅椅”是中国传统家具中椅凳类的一种。虽其名称中有“椅”，但并非垂足而坐，而是供人趺足盘坐。以使用时间而论，每日一刻钟足矣，远不及日常椅凳使用频率之高，但其精神意义却不可取代。

说到禅椅的使用方法，就必定和中国坐具的历史发展密切相关。随着时间的推移，人们日常坐的尺度经历了由低至高的改变。日常起居生活习惯影响了所用器物的形制。

从商周到汉代，人们多席地而坐，各种活动如奏乐、宴饮、庖厨、祭祀多在席、榻上进行。《周礼》中曾详载使用席、几的场合，而低矮型的几榻则为汉代贵族的主要生活用具。

魏晋、南北朝是历史上动荡的时期，也是东西南北各族文化交融的时期。东汉末由西域传入可折叠的胡床坐具，大约在此时导致了人们垂足而坐的习惯，而使用的椅凳、床榻、凭几则是身份尊贵的象征。我们现在大致认为这个时间段是坐椅形成的雏形阶段。

由盛唐敦煌壁画中已可见到床榻、桌案、椅凳、几架等不同种类的家具形象，中晚唐、五代之际，方腿的四出头靠背椅、扶手椅及双人坐榻亦已出现。此时日常生活用家具呈现由低向高发展的趋势，高型与矮型家具并存。

自五代、宋开始，家具的种类趋于多元化，成组的家具可自由搭配组合，室内空间陈设更为丰富。宋代手工业、建筑及科学技术的发展成熟，推动了家具在种类与功能上的变革。家具被视同建筑架构一般，出现大木梁柱式结构，腿足如柱子多用圆材，并在腿间安横枨和牙头，又使用榫卯结合部位，使得家具结构更为坚固。宋代家具重视细部处理，开始运用装饰性构造，而桌椅交角处各类牙子式样丰富，使得整体造型具有优雅风韵。宋代可谓是促进了椅类造型的发展，进而出现了不同款式的禅椅，以配不同场合来使用。

《画罗汉》所绘世间罗汉身着袈裟，盘足坐于禅椅上，手中执瓶现神光。此方腿禅椅为僧人打坐时用的坐具，坐处宽广，两扶手前端出头，前、后腿与座面间均饰有云纹牙头。左、右、后方单枨高度相同，前部较低有踏脚枨，下有牙条镶板，镂出灵芝轮廓装饰（图2）。

禅椅的不同使用形式在宋画中有所体现（图3）。院中松树挺立，芍药盛开，文石玲珑。中有学士四人围长案而坐，另一执须立于后。仆抱琴而前，将听琴。右侧禅椅靠背扶手椅扶手与搭脑等高，座面下饰海棠纹样开孔绦环板与牙板，有与座面同宽的踏足相连，样式宛如玫瑰椅，造型轻巧美观。此种椅子明代两侧扶手逐渐降低，以免坐者两肘架得过高而感不适。《十八学士图之二》中的禅椅也是类似结构，颇似明代早期风格（图4）。

明代社会繁荣，城市经济发展迅速，工匠从业人数增多，手工业水准也相对提高。随着园林建筑大量兴建，家具的陈设成为室内布置和景观设计的重要组成部分。明代室内家具布置简单典雅，这是受到文人参与设计及其审美观念的影响。至此，中国传统家具发展达到鼎盛时期，入清以后则逐渐衰落。

因木制家具较易腐朽，传世实物以明清家具居多，宋以前之实物极为少见。而现今传世较多的一款禅椅是于明代设计并制造的，其造型简洁，毫无任何装饰，在当代看来仍不失为一款出色的设计（图5、图6）。此禅椅基本是玫瑰椅式，座面宽大，阔而深，成正方形，可供人盘足结跏趺坐。椅盘下安罗锅枨加矮老，腿足间用步步高赶枨唯独靠背椅框内与扶手下的空间，均不安置任何构件，人感觉空灵，颇能辅助坐者沉思入定。

以上这张明式禅椅的结构与传统建筑的结构最为似，但与其他款式的传统坐具结构颇为不同，也可借此断禅椅这种家具是由传统建筑结构转化而来的，在中国史上出现较早。以梁柱为代表的木结构框架体系是中国统建筑最重要的特征，内在结构与外观形象的逻辑关系一鲜明；而图中这张禅椅的结构明晰简洁，除必要的支结构外没有任何装饰元素，与传统建筑的梁柱结构基本合。

中国传统建筑以土、木、砖、瓦、石为主要建筑材料营造的专业分工主要包括：大木作、小木作、彩画作、糊作等，其中大木作在营造中占主导地位。大木作的结构件，按功能可分为12类。其中“柱”与“梁”是最为要的两类。柱，直立承受上部重量的构件，按外形分为直柱梭柱，截面多为圆形。梁，是承受屋顶重量的主要水平构件上梁短于下梁，层层相叠，构成屋架。保持构架制原则以立柱和纵横梁枋组合成各种形式的梁架，使建筑物上荷载均经由梁架、立柱传递至基础。墙壁只起围护、分的作用，不承受荷载，所以门窗等的配置，不受墙壁承能力的限制。而图中禅椅靠背与扶手下均为透空，中间有支撑材，大的框架形似“梁柱”，却唯独没有“墙壁”暗合了中国传统建筑“墙倒屋不塌”之妙。

这种木结构体系的关键技术是榫卯结构，即木质构间的连接不需要其他材料制成的辅助连接构件，主要依两个木质构件之间的插接。这种构件间的连接方式使木

6

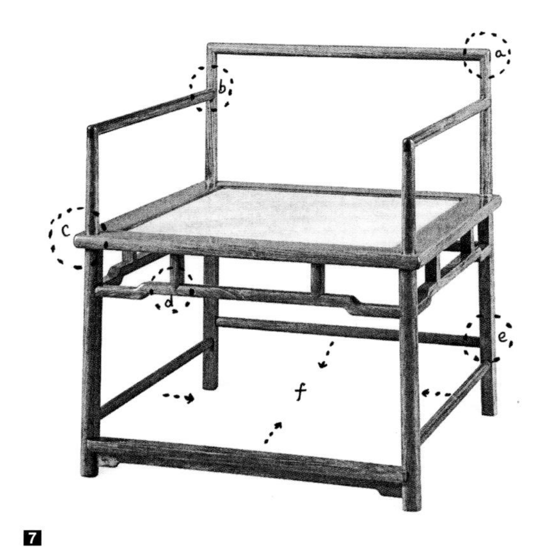

7

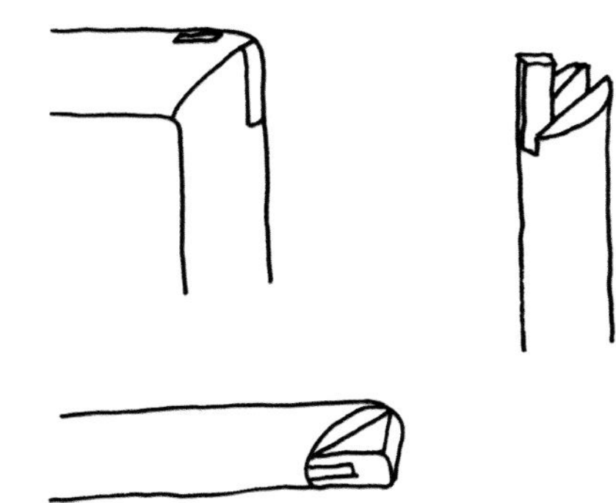

8 a 节点

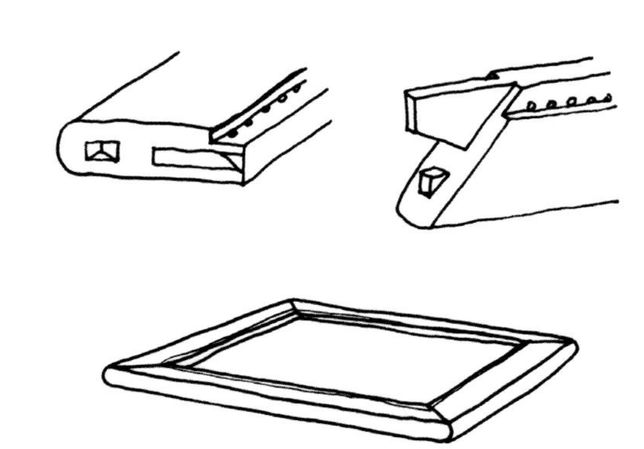

9 b 节点

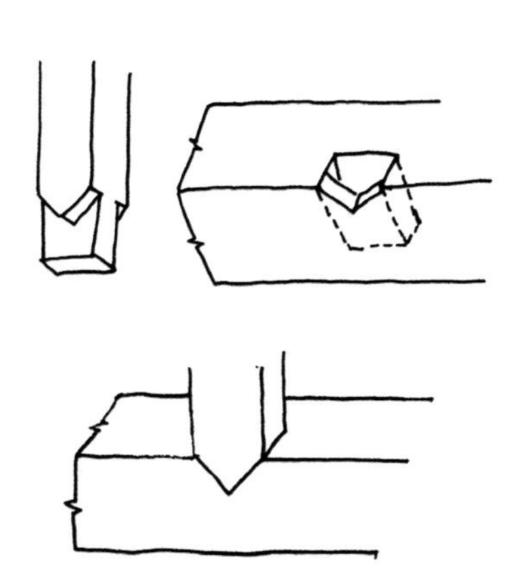

10 c 节点

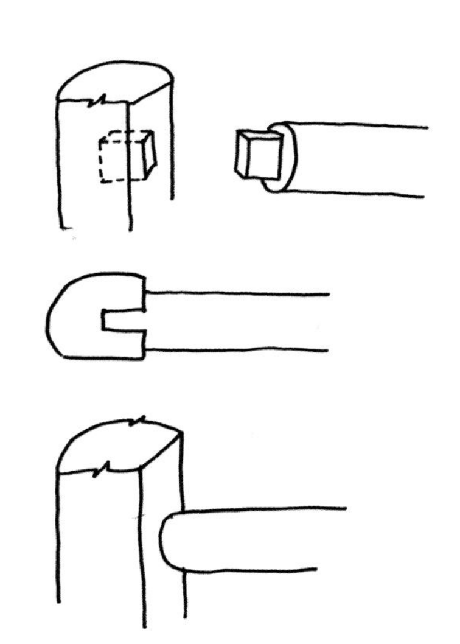

11 d 节点

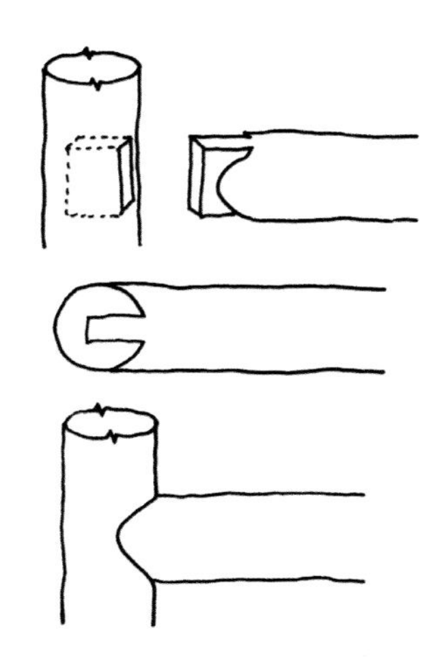

12 e 节点

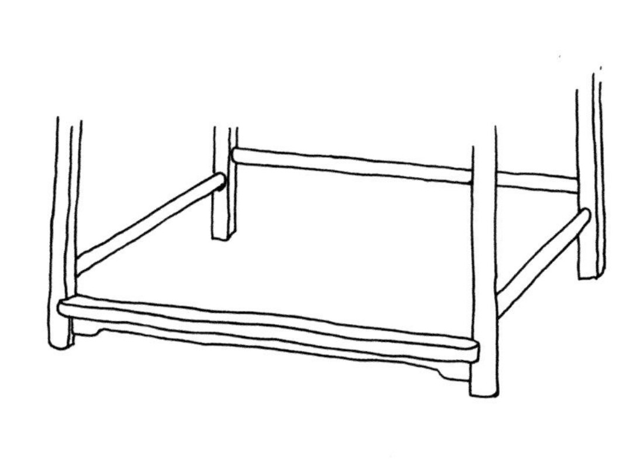

13 f 节点

构具有柔性的结构特征，用在传统建筑之上抗震性强，用在传统家具上就使之具备了良好的承重性。

禅椅中的榫卯开合规律与传统建筑中的梁柱榫卯似。横向构件与竖向构件如柱之类结合，均在竖向构件开卯口，横向构件出榫；构件对接，均一头出榫，一头卯口。按照不同榫卯类别的细分，禅椅的主要榫卯结构图 7 ～图 13 所示。

中国工匠在家具制造过程中积累了丰富的技术与艺经验，在材料的合理选用、结构方式的选择与确定、数尺寸的权衡与计算、构件的加工与制作、节点及细部处理和组装等方面都有独特的方法或技艺。自古以来，种技艺以师徒之间“言传身教”的方式世代沿袭，传承今。随着工业化进程的出现，传统榫卯结构的制作精度大提升，结合机械模具制造经验和理论知识，永琦紫檀术珍品有限公司第一个将精密制造理论运用在传统家具制作中。工人测量榫卯尺寸统一使用游标卡尺，加工精由 cm、mm 提升至 0.1mm，榫卯配合至 0.002mm，扶手枨子等不圆度在 0.05mm 以内；公司将建筑领域里广泛用的预应力技术引进家具制造，板面无缝隙、平滑如镜从外观上可以看到禅椅的榫卯交接结构，但以双手抚摸丝毫没有痕迹，宛如一体（图 14）。在家具的打磨过程公司采用了精密制造时使用的 5000 目砂纸。经过此种精打磨的传统家具经过 2 ～ 3 年以后，表面会形成一层玻状半透明的自来漆效果；通过 100 倍显微镜观察发现这由材料内部树脂结晶沁出形成的，也就是所谓的“包浆”于是公司据此研发出一套传统家具染整工艺，再经过 50 目砂纸精细打磨，无需上漆打蜡，家具自然呈现出一种洁如玉的光泽。

随着现代人生活方式的不断改变，传统家具的使用能已不适应我们新的需求，一张禅椅的“前世”精神能在“今生”的幻化中得以体现，正是我们当代中国家具临的挑战。从宋画中还原的禅椅造型（图 15），简洁干唯有在细节装饰纹样上可见古意，无奈此禅椅体量硕大坐高极高，日常生活中恐不常用；故在新式的样椅设计将坐高降低，椅面尺寸减小；靠背处饰以软装，便于长间倚靠；下方牙板光素，通体不饰任何纹样，利落明了端坐其上却也不失先人风骨（图 1）。这种方法使传统具的精神在当代得以重生，在未来得以延续，这也是中传统家具“前世今生”不变的诉求。

图 6　明式——田黄木禅椅
图 7　禅椅榫卯结构名称对照
图 8　a 节点：圆材明榫角接合（出榫一大一小）
图 9　b 节点：圆材丁字形接合（横竖材粗细相等）
图 10　c 节点：格角榫攒边（榫卯用闷榫）
图 11　d 节点：方材丁字形接合（榫卯用大格肩、虚肩）
图 12　e 节点：外圆内方材丁字形接合（横圆材细、竖外圆内方材粗、榫卯用齐肩膀）
图 13　f 节点：椅子管脚枨（步步高）

14

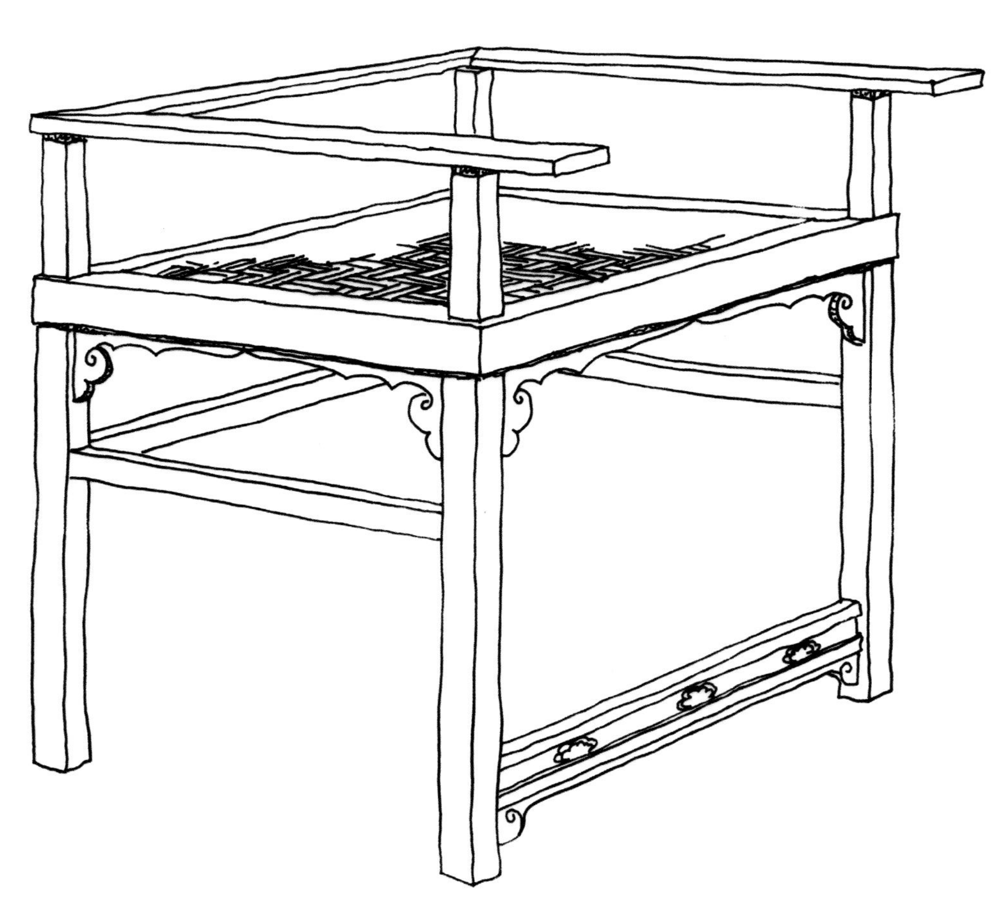

15

图 14 黄花梨禅椅
图 15 宋画中的禅椅线图

系列作品：北皋 525 号
——节选自《生活轨迹 ——史金淞》

凯伦・史密斯

Series Works: Beigao 525
—Excerpt from "A Trace of Life—Shi Jinsong"

Karen Smith

图 1 千创园摆件局部
图 2 千创园摆件 1
图 3 千创园摆件 2
图 4 千创园 3 号摆件

2009 年，因为新的发展需要，推土机开始了新一轮的理工作，整个城市的改变也随之到来。这些被清理的区中也包含史金淞的画室所在地。对艺术家来说，当城市续扩张发展时，居住在城市市区的边缘地带便会遇到拆等问题。因此，史金淞搬到了更远的地方，并一天一次返于家和新工作室之间，也因此每天都会开车经过他原的工作室。2009 年春节后的某一天，推土机进场了，几后，整个地区被夷为平地。

2003 年，荣荣和映里在北京六里屯的家不复存在了，位摄影师将这一切都记录在他们的照片和表演中，毕竟里曾经是他们居住过的地方，没人能对如此的失去无动衷。但是，对惯于利用艺术作品来反映生活中重要事件史金淞来说，他抓住了这个机会，并从审美角度对事件出了评论。他回到工作室所在的工地开始收集各种各样大块碎石，那些奇形怪状又很难看的红砖块，上面还覆着水泥砂浆和白色瓷砖等。他将它们改进成新时代的当版本的太湖石。让世俗迈向崇高是一种幽默，但对艺术来说也是一件严肃的事情。此创作出一件严肃的深具说力的作品，是将整个新式的世俗材料转变成一个极其简却满含诗意的构成形式，是一种转型。在这个意义上，是站在社会学意识的角度对引发争论的（或存在疑问的）状的一种反映：题为《北皋 525 号》的系列作品，亦即术家过去画室的地址，代表着重新思考那些已不复存在事实。这个作品是一个物证，是对生活、工作痕迹的最一丝保留，也是一个空间在一个特定时间的创造，而现一切都过去了。所有的迹象都是保存着的记忆，虽然是石头，它的作用就是对逝去的怀念，类似于纪念碑一。

In 2009, changes were a foot across the city a new round of bulldozing began to clear the ound for new development. One of those areas to l contained Shi Jinsong' s studio. For artists, ving on the fringes of the city proper, the reat of demolition as the city continues to pand is ongoing. Shi Jinsong was in the process moving further out, but still drove past his former studio complex each day on route between the new site and home. One day, following the Spring Festival in 2009, the bulldozers came and within a few days the entire area was flattened.

As reflected in photographs of performance by Beijing-based photographers Rong Rong and Inri in 2003 taken as their Liulitun home in Beijing was destroyed, nothing can quite prepare people for the vision of devastation that unfolds as their home is flattened. But, used to drawing upon important events in his life in his art, Shi Jinsong did not let the opportunity slip by to create an aesthetic comment on events. He returned to the site to reclaim various chunks of rubble, of misshapen and ugly lumps of red brick coated with cement mortar and white tiles, and transformed them into new-age, present-age versions of Taihu Lake stones. There is humour here where the mundane approaches the sublime.It is a transformation of the entirely mundane materials of modernity into a form that is disarmingly poetic. In this sense, it is a sociologically-conscious response to a contentious [problematic] situation: the title Beigao No. 525 signifies this—being the former studio's address—and returning thoughts to the fact of destruction, of what was once, but is no longer there. This work is a piece of physical evidence, the last remaining trace of a life of work and creativity in a space in a specific time that is now passed. Physical forensic evidence that preserves memories and, being stone, functions as a memorial to a passing, akin to a headstone.

2

3

1 从酒店看阿格里真托街景 1

日光下的文明印记

丹 清华大学美术学院

Mark of Civilization in the Sun

Dan Academy of Art & Design, Tsinghua University

我的足迹在逐渐延伸，米兰是个起点，每一次都是从里出发去探索亚平宁半岛其他的地方。而在意大利的飞时间还是超出了我的预料。过去由于担心飞行时间对心感受的影响，似乎有点不忍心在这个地理狭长的国家飞，因此汽车和火车是我借用的主要交通方式。意大利的图北高南低，北边是从阿尔卑斯突然延续下来的余脉和原，南部则猛然扩张又直冲入海，用一个具象的比喻来述它的形状就是：像踏入了地中海中的一只高腰的靴子。

意大利的南部地区是一片洋溢着激情并浸泡着文明的地，两年之前我曾经去过那个在版图上位于“鞋跟部”城市巴里（Bari），那是一个古老的地区，古罗马通往部的口岸就设在那里。站在古老的出海码头的遗迹之上望大陆，那条始建于公元前 190 年从卡普阿（Capua）由罗马城延伸到布林迪西（Brindisi）蜿蜒而来的故道稀可见。不可思议的是强悍的罗马人竟能利用这条并不宽的石筑道路，运输一根根从别国掠夺来的巨大石柱。片粗壮苍劲的橄榄树园也曾经给我留下了深刻的记忆，于土地的贫瘠，橄榄油成为意大利南部的主要农产品，品质的橄榄油令这里的人为之骄傲，它们随着意大利移的足迹向世界传播。意大利南部也是盛产民歌和美食的方，这些都源于其工业的落后或者说是农业社会的完整存。

2011 年 4 月，我向南旅行的足迹终于冲出了半岛的范围，登上了向往已久的神秘的西西里岛。西西里岛位于半岛的西侧，呈三角形。它的一个角正对着“靴子”的尖上部，如同一块被靴子踢起的土块。这个形态上的特征亦如西西里在历史上的遭遇，自有记载的公元前 6 世纪以来，一批又一批的征服者曾经来到这个岛上，希腊人、阿拉伯人、诺曼人、罗马人、法国人和阿拉贡人都统治过西西里，并都在此留下了极为丰富和灿烂的文明印记。但西西里贫瘠的土地和复杂的地理条件终于使各种统治者均放弃了这块土地，这种抛弃行为酿成了西西里独特的文化心理，为后来其黑手党文化在世界范围的传播打下伏笔。

由米兰飞往西西里首府巴勒莫市（Palermo）的航程需要两个小时，飞机沿着半岛的西海岸线飞行，在透过机窗俯瞰中饱览了诸多美不胜收的景观。在这俯瞰之中的引导下，我不停地在幻想西西里这块神秘莫测地域中的风景。很早就听说它是意大利人钟爱的休假圣地，但流行于世的关于这块土地上发生的腐败、勒索和凶杀的传闻在我的心头留下了一丝悬念。20 世纪 80 年代著名的大法官法尔科内遇刺案和 1909 年纽约最有名的侦探乔·佩特罗西诺的被谋杀都是震惊世界的恐怖事件，有关它们险恶的传说完全覆盖了关于此地风景、美食和情调的名声，我好奇于这两种矛盾交织的地方。果然，飞机穿越大海的时候遭遇了风暴，不得已在卡塔尼亚市作短暂停留，此时夜已悄然而至，西西里岛确实不是一个风平浪静的地方。

阿格里真托（图 1~ 图 7）

降落在巴勒莫机场时，已是晚上 10 点，大量延误的班机纷纷抵达使这里的管理失去了控制，乱哄哄的人流涌出机场与乱哄哄的接机者群落相撞，大声的寒暄、热烈的拥抱以及焦灼的呼唤混杂在一起，制造出一个无比混乱的环境。我突然意识到这是一个公共服务系统几乎瘫痪的城市，社会生活的运转主要依靠血缘和私人之间的联系来维持，没有服务人员、没有出租车、没有广播，满眼都是失落的外来者和自满自足的本地人。面对我茫然的表情，老朋友弗然切斯科面带从容的笑容，戏剧性地张开双臂站在人群中大声说道：“Welcome to Sisily”。费尽一番周折之后，我们终于租了一辆小巧的菲亚特汽车在黑暗中上路了。我们要在夜色中由东向西横穿西西里岛奔赴位于地中海西南侧的小城阿格里真托（Agrigento）。车窗外黑漆漆一片，偶尔出现的灯火如同疲倦人的眼睛一般恍惚又黯淡，一看便知这里不是一个工业发达地区。雪亮的车灯拨开沉沉的夜幕，汽车在山野间疾驶。路上的车辆也极少，仿佛整个西西里岛都已睡去。黑暗中的西西里是抽象的，在美国黑手党的犯罪历史上，匹兹堡的黑手党头目尼古拉

·金泰尔就出生于此地，电影《教父》的片段和过去读过的基本描写此地的书籍为我提供着模糊的想象。当汽车驶上盘山公路时四周山峦黑压压的轮廓逼来构筑了凶险无比的悬念，路过的一些村落也不见灯火，凌乱的建筑拱卫着山丘，折射着这里独特的人文，我已作好心理准备度过未来悬疑丛生的几日。

到达阿格里真托已是半夜两点钟，小城一片寂静，街道的尺度令我想起许多中国南方省份的小城镇，败落的建筑立面和没精打采的路灯惺惺相惜，述说着昔日的辉煌，橱窗里孤寂地矗立着几具衣着华丽的模特，敷衍着我们这样的外来者，但我对它的想象在如此低迷的情境之中已渐渐死去。弗然切斯科为我们预定了一个临街但深藏在大铁门后的小型酒店，酒店的名称是 B&B Marchese Sala，店主敬业十足地依然在等待着我们的到来。穿过狭窄的通道和陡立的楼梯走进客房时，我已疲惫不堪，只想尽快地进入梦乡。

唤醒的电话如期而至，将我与梦境粗暴分离。须臾，懵懵懂懂地踩着旋转的楼梯爬上了屋顶的餐厅，刹那间从大海的方向涌入的阳光将我热烈拥抱，昨夜里艰难的旅程和晦涩昏暗的视觉记忆被驱赶得无影无踪。循着远处传来的教堂钟声，我来到屋顶的阳台上，金色的全景展现在眼前，阳台的正面是湛蓝色的大海和空明澄碧的天宇，山峦和高地从海中升起，卫城和神庙的废墟屹立在俯瞰大海的山巅。城市贴着面海的山的一侧慢慢升起，像一群痴迷景象的永久看客。整个城市的色彩是由土黄色的石材和乳白色的涂料染成，时间和来自海绵的潮湿空气侵蚀着它们，留下斑驳和消退的印迹，于是色彩便具有了一种厚度，如同将城市在久远的时间中慢慢浸透。位于西西里岛的西南侧，是该地最为古老的地区，公元前 5 ～ 6 世纪希腊文明在此登陆并留下大量历史遗迹。这个城市有着辉煌的历史，据说它曾经因其居民奢华的生活方式而闻名于世。苏醒后的城市中依稀飘散着华丽叹息的一丝余音，苍老的面庞上时尚而又精致的商店纷纷睁开了双眼，面容虽老而眼中神采依旧，这是一个古老城市活力的表征。市民们从容地在街头散步或聚集聊天，传统的鲜鱼店依然门庭若市，为延续下来的优雅生活提供着保证。

站在希腊时期神庙的废墟向大海望去，看到的是历史，来自希腊的文化传播依靠的是战争和侵略的方式。坚固的卫城建在高高的山巅之上，总览着海面的风波，神庙则在动荡危险的时局为守卫者和求助者提供精神上的慰藉。我曾去过雅典卫城，在帕提农神庙下驻足良久，分享和品味它的典雅和华丽。雅典卫城也是位于城市的高地之上，但它带给我的想象是祥和、歌颂、赞美和文明的炫耀。这个卫城却不同，环筑的城墙虽历经漫长岁月的消磨却依然残留下不屈的身姿，建筑使用了当地产的土黄色的砂岩，它的色彩和质感衬托出卫城的务实本质。和希腊雅典的城市色彩相比较，这座城市的色彩构成符合色彩地理学的相关原理，人工营造的建筑环境和大自然融为一体，和谐统一。站在海边回望阿格里真托，这是一座观海的城市，每一座建筑都是依山就势，靠山面海，地中海旖旎的景色成就了城市的面孔和城市的表情。上午的阳光生动地将每一个建筑的轮廓勾勒了出来，明确的阴影之间构成了和谐的韵律。这样的城市形态自然而又和谐，因为每一个建筑的面孔都存在着天然的差异，它们在体量、造型、质感、色彩方面都存在着微妙的变化，但它们的建造方式和体现出来的生活方式又遵循着共同的价值观念。小体量的建筑组成的城市面孔还和政治思想、土地制度有着密切的联系，它们是建筑多样性的思想基础和法制保证。这种小体量的单体建筑群落和自然风景的关系也是友好的，它们维系了数千年以来建造文明恪守的环境规则和习养而成的审美惯性。

古老卫城的废墟和当下的民居景观形成的对比令人深

2 从酒店看阿格里真托街景 2
3 从海边看阿格里真托山城
4 卫城城垣废墟
5 卫城废墟
6 卫城中古老的橄榄树
7 卫城的神庙
8 巴洛克古城莫迪卡 1
9 巴洛克古城莫迪卡 2
10 锡拉库萨老城广场雕塑
11 锡拉库萨街景
12 巴锡拉库萨的海滨

，卫城是防御性的，它坚实、险峻、内向，它孤立于高之上，全面监视着方域之内的局势变化。在这个封闭的界里，神庙担当着精神支柱的作用，神庙的形式典雅，例严谨、格局紧凑，环绕的柱廊生成了分明的阴阳对比，当地刻画出了保护神的性格和角色——一个威严和慈、阳刚和阴柔的混合体，在战争年代，它是困守于此的臣民赖以坚持的精神力量的源泉，它长时间地接受着人民的仰视和膜拜。民居则不然，它们是个人生活的载体，因而也是个人主义的表达形式，它们肆意地享用着自然的恩泽，阳光、风景。阳光也是刻画它们表情的利器，当流云掠过山城的上方，会在它们恣意的面容上留下斑驳的阴影。

锡拉库萨（图 8~ 图 20）

锡拉库萨（Sirakusa）在历史上曾经长时期和阿格里真托对峙，二者在城市的形象和气质上也完全不同。阿格里真托虽然滨海，但城市却建在山上，因此从性质上分析判断，它更像是一座山城，但锡拉库萨绝对是一座典型的滨海城市。从阿格里真托沿着海岸线向东南方向，途经两

8

10

11

9

12

座特色十足的小山城 Modica 和 Noto，在岛屿下方的尖角处转弯之后向北就到了这座漂亮的滨海城市。始自公元前 5～前 3 世纪，锡拉库萨就是希腊最重要的且最有影响力的城市。罗马的执政官西塞罗曾经把它誉为最漂亮的城市。欧提吉亚半岛（Peninsula Ortigia）是这座城市最古老的中心，它拥有优美的海岸线和苍老辉煌的建筑群。电影《教父一》中迈克尔刺杀毒贩索伦佐后就曾逃亡于此。老城的中心和新城位于大陆上的中心阿齐拉迪那（Achradina）。由一座桥相连接，新城的边界很大使得老城的面貌没有受到城市发展的破坏，因此欧提吉亚半岛的古老风貌是完整的，格调是浓郁的。抵达锡拉库萨时已是掌灯时分，我们下榻的宾馆位于老城滨海的边缘，恰逢此地风高浪急，大海的咆哮从黑暗中传来，又遗落下万千的花絮；疾风演奏着旋转的音律，将危城命悬于旦夕之间；潮湿的雾气由海面深处涌来化作蜇人的箭雨，被狂风抛向城市苍老的面门，现实在惊骇之中完成了对风雨飘摇的历史的速写，令人悸。

入住的宾馆是旅游类杂志常介绍的那种典型的度假小酒店，建筑的外表平常但室内情调十足，漆着湖蓝色漆的外窗在陈旧的建筑外墙上分外显眼，室内设计用材素却十分贴切。整个色系明快，营造出舒适的度假氛围

13

15

17

14

16

18

3 锡拉库萨下榻酒店的客厅
4 锡拉库萨城里的设计型酒店
5 锡拉库萨古希腊剧场的遗址
6 锡拉库萨耳朵型山洞
7 主教堂古老沧桑的基石
8 锡拉库萨巴洛克风格的主教堂
9 锡拉库萨老城街道
0 锡拉库萨的游艇码头

古的门厅小巧，木制的柜台上布满了时间的痕迹，柜台面的粉刷墙上是木制格栅，其中零散悬挂着客房的钥匙。匙的坠子做得极具特色，是一颗手掌般大小的木心，也主人对客人的真情表白。客房的顶棚刻意保留了木构的造处理，历史的遗风通过细节得以恰当的表达。这个酒的设计是一个旧建筑改造的成功范例，新的生活设施、尚的当代形式和传统的文化脉络殊途同归，共同成就了时期生活的载体，也延续了古老的记忆。

锡拉库萨的建筑遗产相当丰厚，历史上这座城市在公前 211 年经历一场战争，最终落入罗马人之手，著名的学家阿基米德也在当时被杀害。一些古迹的规模甚大，人不得不重新审视历史上人类社会的生产力水平。作为希腊的战争防御工事遗迹到罗马时期的剧院，规模宏大格列柯剧院竟是由山体凿刻出来，带给人强烈的震撼力视觉冲击力。在尼波利斯考古区，还有著名的耳朵形状囚禁希腊奴隶的巨大洞穴，令人叹为观止，据传说这里经囚禁过 7000 名希腊战俘。国王在山洞的上方修建一住所，耳蜗形状的山洞可以将声音放大 16 倍，于是国就可以偷听到奴隶们的秘密。意大利建筑遗产当下的状都很好，这一方面源于政府大量的投入，另一方面源于态保护的概念。多数旧建筑在城市中依然承载着日常的能，民居、剧院、行政建筑等。这种场景使我意识到，这个国家历史是连续的，对待历史的最佳态度就是消除史和今天的心理距离。

在众多建筑遗产之中，巴洛克风格的建筑占有相当比重，其中的代表是由建筑师安德烈·帕尔玛（Andrea lma）1728 年设计的主教堂，这是一个外观极尽巴洛克采、内部雄浑开阔的伟大建筑。建筑的主体由米黄色的石砌筑，这种材料的物理属性很适合生动妖娆的形态加。教堂波动的主立面、深深嵌入立面的凹龛、断裂的山都体现了巴洛克风格的艺术主张和手法特征。建筑内部历史表达和外观所流露的有很大的矛盾，后来我查阅相资料方知，当时这也是个旧建筑改造项目。建筑的历史以追溯到公元前 5 世纪，是一个希腊神庙。1728 年开始造，最终巴洛克的立面掩盖了古希腊建筑的形象。凭此，为我解开了诸多的疑惑，也使我看到建筑学历史观曾经生过的变化。

在阿格里真托，我注意到该城市建筑色彩是浓烈的，色的基调中点缀着赭石、土红色、深黄色、咖啡色等浓色彩，因此它看起来具有一种凝重感。而锡拉库萨的城色彩体系则不同，它是一个复杂的青灰色系统。这个城周边山体的石材本身就是青灰色，为建筑提供了一个青色的背景；另一方面，许多重要的建筑建造都是就地取材，它们共同构成了城市的色彩结构。城市和海岸的亲切距离使得海水的色彩变化融入城市的色彩体系，港湾中的船舶和游艇出类拔萃的形象把调子提高了许多，它看上去显得更加时尚和具有活力。

卡塔尼亚、埃特纳和陶尔米娜的三角区（图 21~ 图 37）

卡塔尼亚（Catania）位于海岸线的正东侧，距离埃特纳（Aetna）火山约 40km，它和陶尔米娜（Taormina）及火山形成一个等腰三角形，历史上这两个城市都受到火山活动的影响。1693 年的大地震使卡塔尼亚受到毁灭性的破坏，之后卡塔尼亚进行了全面性的重建。重新建设的城市建筑也是以巴洛克风格为主流，而且建筑材料选用了产自西西里的火山熔岩，这种材料利于加工，非常适合巴洛克建筑流动和变化的形式。黑色的火山熔岩打造的城市有一种神秘感和力量感，它的力量被表面的沉闷所掩盖着，慢慢积聚起来准备释放，巴洛克这种灿烂的建筑形式就像是它催生的奇葩在火山的脚下怒放着。卡塔尼亚是一个活力无比的疯狂城市，大教堂前的广场是城市的中心，广场的中心是一个由火山熔岩雕塑而成的背负着埃及方尖碑的大象，这是卡塔尼亚的象征。每日这里都会聚集许多痴迷劲歌热舞的年轻人，此时他们正在热烈地切磋街舞的技艺。据弗然切斯科说，这个城市曾经被犯罪问题严重困扰，以至于外地的旅游者不敢到此观光。后来利用欧盟的专项资金进行了一系列的治理，从治理城市卫生、创意产业和治理政府腐败等多方面入手，如今这里恢复了一个旅游城市应有的秩序。活力和野性看来都是可以引导和驯化的，现在的卡塔尼亚城市的表象一片祥和，我等悠闲地坐在广场边上的咖啡座中尽情享受这美景和美食，品味这座城市桀骜不驯的性格。一只流浪的野狗在我脚底下溜来溜去，寻找食物，突然间它对我狂吠起来，像过去这里的青涩少年一样对外来者表露出深深的敌意。

弗然切斯科不经意间谈及的该市的文化创意产业业态，在我们短暂的浏览中虽不能有一个全面的了解，但仓促中还是与其偶遇了。刚进入该市的街区，下车后就看到一处庭院，凭着专业性的直觉我隐隐约约感觉到这个庭院中深藏着一些令人兴奋的东西。穿过门洞里面是一个开阔的庭院，庭院的四周是巴洛克式的建筑立面，由于年代已久，建筑立面石材已发黑色。门洞正对的是一个宽大的户外楼梯，楼梯设计得极为讲究，先分后合的两组四跑楼梯环着一个精致的雕塑喷泉形成庭院最重要的景观。拾阶而上，一个高大精美的门廊出现在眼前，这座建筑的门套门楣及窗套都被仔细清洗过，露出了米黄色石材的本色，和深色的建筑立面形成对比，显得格外突出。窗套、门楣上都有缜密的装饰和生动的浮雕，门楣上的浮雕更是鲜活，仿佛呼之欲出般神采飞扬。建筑的内部空间高大、色彩绚丽，浅蓝色的墙面勾勒着金色的线脚，顶棚的形式装饰得极为过度，繁缛的装饰将本为矩形的顶棚分割成为多边形，而每一被分割的部分又被花饰打破了清晰的几何边界，被花饰围绕的核心部分是蓝灰色的彩绘。华丽的水晶吊灯从这堆累的形式中冲出，又反照着顶棚，将它的荣耀昭示于

21

22

26

23

27

30

31

24
28

32

25

29

众目睽睽之下，充分显示了巴洛克风格中无中生有的造型能力和趣味。墙面的变化主要依赖曲线，线的造型和动态非常的夸张，已经有点新艺术运动的分割特点了。更为有趣的是，在这华丽无比的大厅中进行的是为普通市民举办的创意集市。热爱小发明、小制作的普通市民将自己的作品拿来展示并交易，类型极为丰富，包括玩具，以及生活用品、装饰物品等，这是典型的文物建筑的动态保护方式。邻近的几个庭院中也都在举办各自的创意活动，其中有一个是关于园艺和盆栽方面的创意集市活动。

西西里是意大利饮食文化最丰富多元的地方，在莫迪卡（Modica）和卡塔尼亚我们品尝了西西里特有的一种点心，它有点类似我们称为薄脆的食品，一段扭曲得如同圣彼得大教堂中的麻花柱般的面粉，被油炸得膨胀焦脆，中间填充着奶油，然后有一颗艳丽的樱桃点缀其上，装扮出无限的妩媚模样，诱惑着食者的欲望。这样的食品入口之后也会产生美妙的口感，食品的娇嫩外壳装模作样地对上颌进行了凌乱的抵抗，然后就在口腔的挤压下轻微地崩裂，这时舌苔接触到柔软而腻味的奶油，奶油被挤压出来充满口腔和味觉器官密切相拥、紧紧缠绵。这种食品令人怦然心动。这样的食品和巴洛克建筑构成的环境很协调，都是放任欲望的物质产品，我想只有热衷于美食、迷恋口感的民族方能创造出这样“腐朽”的食品。在陶尔米娜的山顶步行街上，我的视觉和味觉之间的隔离被彻底打乱了，成排的这种类型的点心被陈列于橱窗之中，向过往的游客搔首弄姿、卖弄风情。味觉的意淫悄然在我的头脑中展开，并成为美好的片段插入对历史的追忆之中。

火山是这个地区的悬念，几百年来埃特纳火山都处于活动期，它是欧洲最高并且最活跃的活火山，高达3370m。罗马人曾经把它看作法尔肯（Falcon）的熔炉——火之神。对火的畏惧潜移默化为丰富的物质形态，面食、点心、冰激凌、建筑、景观、雕塑都有火的影子。在陶尔米娜位于山顶的古老剧场中，我们看到舞台的背景就是喷云吐雾的埃特纳火山。我曾经想象夜晚在此观看表演的情境，美妙绝伦的画面令我的情感纠结得不可开交。自然景观的壮丽和人类的冒险精神在这个设计中得到了完美的结合，结果是双方都得到了伟大的赞美和极度的颂扬。伟大的灵感来自希腊人，罗马人又继续在此进行礼赞和享受。剧场的下方是陡峭的悬崖和碧透的海水，临海的几个度假酒店将自己的游泳池推到了悬崖的边缘，希望能为下榻的客人带来非同寻常的感受。西西里景观美的独到之处就在于同时拥有激情和宁静，这里的人民更善于将这些对比的因素汇聚在自己营造的场所之中，既能激发惊心动魄的想象，又能生发心如止水的意境。有人说意大利南部的这些火山就如同悬在这些城市头上的利剑，使人永远处于安不忘危的状态之中。理论上讲，时间的流逝就意味着危险的迫近，于是对宁静瞬间的留恋和攫取会化作一种生活的勇气和动力，它们乃是创造力的源泉。

图 21 卡塔尼亚老城院落
图 22 卡塔尼亚城内利用文物建筑设立的创意集市
图 23 卡塔尼亚城内利用文物建筑设立的创意集市
图 24 卡塔尼亚城内利用文物建筑设立的园艺创意集市 1
图 25 卡塔尼亚城内利用文物建筑设立的园艺创意集市 2
图 26 卡塔尼亚城内利用文物院落改建的艺术博物馆 1
图 27 卡塔尼亚城内利用文物院落改建的艺术博物馆 2
图 28 在卡塔尼亚中心广场享用西西里“腐朽”的美食
图 29 西西里美食
图 30 美丽的西西里海滨风景
图 31 陶尔米娜海滨景观
图 32 从下榻酒店（陶尔米娜）的窗中望去的景观
图 33 陶尔米娜古镇上的小酒店
图 34 陶尔米娜古镇的街景
图 35 始建于希腊时期的剧场 1
图 36 始建于希腊时期的剧场 2
图 37 始建于希腊时期的剧场远处是埃特纳大山

1

2

3

1 《暗房——当代建筑在中国 70》

先行一步的西方当代建筑固然值得学习，但中国建筑必须坚定地走当代建筑之路，没有任何模式可以依靠。中国当代建筑的未来还必须靠中国建筑师自己来开拓。中国当代建筑苦苦追索的结果，需要从建筑主体性出发，回归到切实可行的实用主义本身，这是由建筑发展的本质和中国的现实国情决定的。在此艰难的过程中，我们需要谦卑地承认差距，与多样性的现代世界相互作用和融合，依靠自己的文化资源来“实事求是”地解决问题，改造我们丰富的文化传统。尤其是在当下这个社会转型期，中国当代建筑需要从别人身上找到好的工具、方法，同时回归到自己的文化根源上。以上原因是策划这套“当代建筑在中国 70”系列的原始动力。该套丛书的策划，是坚持“建构、思想与素养”兼备，以及建筑实践作品的真实展现。

“当代建筑在中国 70”系列主要面向当代中国有成功建筑实践经历的“70 后”建筑师，是中国出版界第一次面向当代中国“70 后”建筑师的系列图书，也是第一次以建筑师的建筑实践作品为介质，对建筑师的建筑思想和理念进行对话式和透视式解读的系列丛书。该套丛书视角较新，规避了现有图书市场上大众化问题泛滥、无法从技术角度对建筑项目进行详细解读的流弊，以建筑实践作品作为全书的内容主线，紧紧围绕着建筑师有代表性的项目展开。《暗房》则注重了建筑师在实践过程中的“失败”之处展开，属于建筑师内观式的自省和反思。该书通过对建筑师建筑实践过程中“黑暗经验”的搜寻，对建筑本体，即场地、空间、行为、能源和构造等进行了内观式的自我剖析，暗含了建筑师对传统、当代、本土和建构的反思。

《暗房——当代建筑在中国 70》，傅筱 胡恒 著，南京：江苏人民出版社，2012，ISBN：978-7-214-08425-5

2 《白》

作为感觉经验的“白”，“白”这样的东西是不存在的。其实，“白”只存在于我们的感觉认知中。因此，我们一定不要试图去寻找“白”，而是去找一种感觉“白”的方式。通过这一过程，我们会获得一种对“白”的感知，比我们正常体验到的“白”还要更白一点点。这会让我们感知到“白”在日本文化中那惊人的多样性。我们开始理解寂静、空的空间这样的词语，且能辨认出它们所包含的隐藏的意义。当我们获得了与“白”的这种联系，我们的世界发出的光就更亮了，而其投出的影也更深了。日本建筑、空间概念、书籍设计以及庭园这样的东西，均诞生于对引入“白”的精神过程的对应中。

这是日本中生代国际级平面设计大师原研哉的翘首瞩目之作，该书并非讲颜色，而是试究一个叫“白”的实体，以找到由人们自身文化设定的那些感觉之源，它试图通过“白”的概念探寻营造简洁微妙的日本美学之源。相对于设计本身，该书更多地是在解析“环境”和“条件”，它引导人们思考怎样才能创造出能不断获得新力量的形象，并留下长久印象的无比清晰的东西。这一思维过程，反过来又使读者开始关注自身的文化土壤，随着此思想进程的进展，该书正在引领出新的答案。作者以观察家的视野梳理时代潮流，以思考者的睿智发掘美意识的根源和流转，以设计师的责任建构了全新的设计语法与风格观念。

《白》，（日）原研哉 著，纪江红 译，桂林：广西师范大学出版社，2012，ISBN：978-7-549-51277-5

3 《编程・建筑》

保罗・科茨（Paul Coates）是东伦敦大学（UEL）的高级讲师，东伦敦大学计算与设计建筑学硕士组的负责人，东伦敦大学建筑与视觉艺术学院建筑进化计算中心（CECA）主任。他编写的这本《编程・建筑》是建筑院校计算机辅助设计译丛之一，是建筑院校师生、建筑师和设计人员的必读图书。该书以六章篇幅，主要讨论了建筑设计过程中涉及几何学、拓扑学和生成结构的研究。《编程・建筑》简单明了地介绍了计算机算法与程序用于建筑设计的历史，解释了基本的算法思想和计算机作为建筑设计工具的运用。作为计算机辅助设计的先驱，保罗・科茨通过多年讲授的计算、设计的教学内容和实例研究，向我们展示了算法思维。《编程・建筑》提供了详细、可操作的编码所需要的技术和哲学思想，给读者一些代码和算法例子的认识。

《编程・建筑》，（英）科茨 著，孙澄 等译，北京：中国建筑工业出版社，2012，ISBN：978-7-112-14537-9

4 《参数化原型》

对中国来讲，2012 年注定是不平凡的一年。改革开放 30 年使得中国国际地位日益重要。鸟巢、水立方、上海世博会、广州歌剧院，多少座令人惊叹的高楼大厦在中国大地平地而起。中国已经悄然引领世界范围的一场巨大的建筑变革——数字革命。

数字革命已经不可逆转地使每一所建筑设计院或学校转型。建筑实践和建筑教育这场大规模技术重组/变革给我们的认知带来了巨大的挑战，它迫切要求我们这一代努力去探索这些新兴的计算实践背后所隐藏的内涵，无论在理论方面，还是文化方面和社会方面。

《参数化原型》系统而理论性地总结了当前建筑界数字革命的发展状况和未前景；综合了数字革命——从扎哈到盖里从高楼到大跨度建筑，从结构到表皮，城市规划到产品设计，从创意到建造，设计到管理的六大主题；数字技术，不让当代人改变了对空间的概念，作为一新型工具，更是对制造方法、产品运输组装和建设方法的革命。该书在阐释数设计的理论内涵、文化内涵和社会内涵面，都提出了值得关注和思考的空间。

《参数化原型》以 2009 年举行的同国际建筑展为基础，经过增补论文发展成。该书第一章首先从总体对当今国际筑界的参数化设计进行了综合论述。第章选出了国际建筑界最活跃的 16 个建筑务所，将其实践分为六个主题：生成系统分析与反馈、合成运用、文件和沟通、管原型和生产。每个主题下包括 2 ～ 3 篇际知名的建筑师或学者撰写的专题文章同时包括 2 ～ 3 个国际知名的建筑师事所的设计作品，从不同方面深入阐述了数化设计的特点和实践应用。第三章展了该书编者和策展团队对参数化设计的解和在中国实践可能性的探讨。第四章对 2009 年举行的同名国际建筑展的简短顾结束该书。

该书紧跟时代潮流，讨论了当今建界的热点问题，汇集了国际建筑界最活的建筑师和理论家的著述和作品，适合筑学、城市规划、景观设计、室内设计相关设计专业师生借鉴与学习，也适合关专业设计师阅读与收藏。

《参数化原型》，（加）Tom Verees、刘延川、徐丰 著，北京：清华大出版社，2012，ISBN：978-7-302-29549

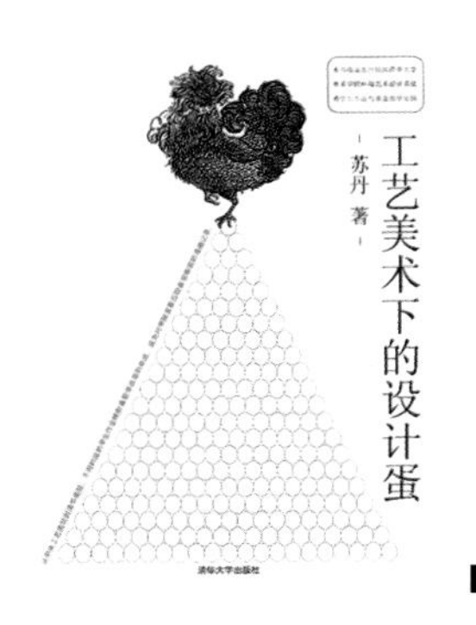

5

6

7

8

《工艺美术下的设计蛋》

作者苏丹，教授，设计师，设计评论家。任清华大学美术学院副院长，清华大学术学院环境建设艺术咨询研究所所长，要从事艺术设计、建筑设计、当代设计育、当代艺术和当代设计关系的研究。出版论著《意见与建议》、《住宅室内十》、《附加的设计》、《风土》、《公领地》、《先进住居》。

在环境艺术设计领域，苏丹既是一名校教师，又是一名理论研究者，既是一一流教学机构和学术团体的管理者，又一名中国本土当代环境艺术设计的先锋践者。《工艺美术下的设计蛋》结合苏教授在环境艺术设计领域内 20 余年丰富教育教学经验与杰出的实践操作案例，述了技术、职业、设计、教育等的相互用关系，表述了“虽以设计为职业，但以设计为边界”的立场。书中还收录了华大学 CICA 的 2 篇调研报告，8 篇关于十的对话与精心挑选的 30 个学生作业。些珍贵的文献见证了清华大学美术学院学术转型，是清华大学美术学院环境艺设计系发展历程客观事实的准确记录，向读者展示了国内外环境艺术设计的现以及作者对该现状的忧思。

《工艺美术下的设计蛋》，苏丹 著，京：清华大学出版社，ISBN：978-7-2-30158-5

《建筑十书》

《建筑十书》是西方古典时代唯一幸下来的建筑全书，也是西方世界有史以最重要的一本建筑学著作。于公元前 27 由古罗马建筑师维特鲁维著，约于公元 14 年出版。在文艺复兴时期颇有影响，18、19 世纪中的古典复兴主义亦有所启一部西方建筑史就是一部维特鲁威的受史，两千年以来，各个历史时期的建筑师和理论家对于维特鲁威的认识和评价，折射出建筑观念的流变，也决定了西方城市与乡村的景观。除了建筑史的价值外，它还是一部真正的古代文化百科全书，广泛涉及哲学、历史、文献学、数学、几何学、机械学、音乐学、天文学、测量学、造型艺术等诸多领域，它所记载的不少史料在其他文献中已无法寻觅，为科技史、文献学与语文学的研究提供了珍贵的史料。全书分为十卷，内容包括建筑教育、城市规划和建筑设计原理、建筑材料、建筑构造作法、施工工艺、施工机械和设备等。书中记载了大量建筑实践经验，阐述了建筑科学的基本理论。无处不透露着作者的哲学观。其中提出了建筑的三大要素：美观、实用和坚固，涉及的比例与均衡原则是艺术史上讨论的基本内容，首次谈到将人体的自然比例应用到建筑丈量中，并总结出结构的比例规律。不仅为专业必备的经典文献，而且是广大读者了解建筑学的入门之作。

《建筑十书》多见有四种英译本。最早一版由哈佛大学著名古典学教授摩尔根（Morris Hickey Morgan）翻译，哈佛大学出版社 1914 年出版。其次是“洛布古典丛书”中的拉—英双语本，英译者为英国诺丁汉大学古典学系教授格兰杰（Frank Granger）。全书分为两卷，分别出版于 1931 年和 1934 年，被认为是现存最早的维特鲁威抄本。第三个英译本于 1999 年由剑桥大学出版社出版，译者为芝加哥大学美术史副教授罗兰（Ingrid Rowland）。这个版本以著名的乔孔多修士所编辑的印本为底本。最近一个英译本由企鹅图书公司 2009 年出版，被收入“企鹅经典丛书”。其目标读者是那些初涉古典主义建筑传统的学生与读者。本中译本根据剑桥大学 1999 年的英译评注本译出，此版本是唯一的英文评注本，它的评注文字量超出了原典，总图量超越 1000 幅，涵盖了维特鲁威论及的所有领域。也是所有现代语言版本中插图最丰富的版本，全面地反映了西方古典学与艺术史研究的最新成果。

《建筑十书》，（古罗马）维特鲁威著，（美）I. D. 罗兰英 译，（美）T. N. 豪评注 / 插图，陈平中 译，北京：北京大学出版社，2012，ISBN：978-7-301-19787-5

7 《人类与建筑的历史》

藤森昭信，日本著名建筑史家，同时也是日本当代著名的建筑家，建筑学博士，现任东京大学生产技术研究所教授。与建筑家安藤忠雄合为双璧的他，是靠眼光和思想探索着建筑。之前一直从事建筑史研究，42 岁开始动手做建筑设计，他的建筑喜欢将木、土、石、植物等自然元素融入建筑里，给人的感觉是质朴淡雅而清新。藤森昭信反思现代主义的开放空间、工业化材料、计划性的理念，提出内向空间、自然素材论、现场论等建筑理论，并在其作品中不断实践。藤森昭信著述颇丰，其中《明治的东京计划》曾获“每日出版文化奖”，《建筑侦探的冒险——东京篇》曾获“日本设计文化奖”、“SUNTORY 学术奖”。建筑作品“赤濑川原平邸”曾获“日本艺术大奖”，成为独树一帜的日本现代建筑家。

该书与人们通常看到的建筑书不太一样，对建筑家藤森昭信而言也是破天荒的作品。身兼建筑史家和建筑家的藤森昭信，看待建筑的角度非常独特。藤森昭信认为西方建筑对日本建筑的文脉具有一定的破坏作用，其中是现代主义破坏性最强，深及建筑与人类的关系。而藤森昭信在该书里通过六个章节，试图追寻人类发展的线索，重新梳理建筑发展的脉络，将重新解体的文化碎片重新捡起，与破坏之后完全做别的东西的现代主义相比较，破坏之后再重新组合建立的就是藤森流。

《人类与建筑的历史》，（日）藤森照信 著，范一琦 译，北京：中信出版社，2012，ISBN：978-7-508-63584-2

8 《碎片与比照：比较建筑学的双重话语》

该书针对建筑学、历史学等专业的研究者、学习者等读者，作者提出了迥异于传统的建筑故事的讲述方式，使建筑史与建筑理论呈现出别开生面的图景。该书分别从四个章节——比较的建筑理论、比较的本体、比较的建筑史、比较的建筑——将哲学家与建筑师双方同时纳入比较视野，力图发现更新、更好、更有趣的思维碎片，持续诱发新的建筑意义，催生变化奇妙的建筑效果。该书涉及建筑、哲学、文化史、艺术史等领域，而且有大量中外建筑的分析和解读，有相当的可读性。

该书作者邹晖，1995 年获同济大学建筑学博士，师从罗小未教授。2005 年获加拿大麦吉尔大学建筑历史与理论哲学博士，师从著名现象学历史学家佩雷兹-戈麦兹，2001 年任哈佛大学 DUMBARTON OAKS 研究中心园林史研究员。现任职于美国弗罗里达大学建筑系终身制副教授，讲授建筑历史、建筑与设计。他的研究领域包括建筑史、园林史、建筑哲学与建筑评论。

《碎片与比照：比较建筑学的双重话语》，邹晖 著，北京：商务印书馆，ISBN：978-7-100-08866-4

The Company run by the owning family

Friedrich Hoppe (1921 – 2008)

The HOPPE Group develops, manufactures and markets door and window hardware made of aluminium, brass, polyamide and stainless steel with the focus on capturing the ambiance in every detail.

Since the mid-1970s, the Company has established itself as the market leader in its segment throughout Europe, and it considers itself a leader in competency worldwide. These claims are supported not only by its market share but also by its comprehensive product range, its innovative capability, the optimum benefit/price ratio it offers and its technological leadership in the aluminium segment.

Founded by Friedrich Hoppe in 1952, HOPPE has developed into a globally active group based in Switzerland.

This family-run company is led and shaped in the second generation by its two owners, Wolf and Christoph Hoppe, who can afford and are willing to think and act on a long-term basis thereby investing in a continually better future instead of pursuing only short-term success. They have made sustainability a priority in the way the business is conducted, not just financially but in social and ecological matters also.
The course for continuity of HOPPE as a family-run company even in the third generation was set when Christian Hoppe, the eldest son of Wolf Hoppe, joined the Company in April 2012.

The first subsidiary in Bromskirchen was set up in 1956

Production workers 1961

The entrepreneurs (from l. to r.): Christoph Hoppe, Wolf Hoppe and Christian Hoppe

Technical Solutions

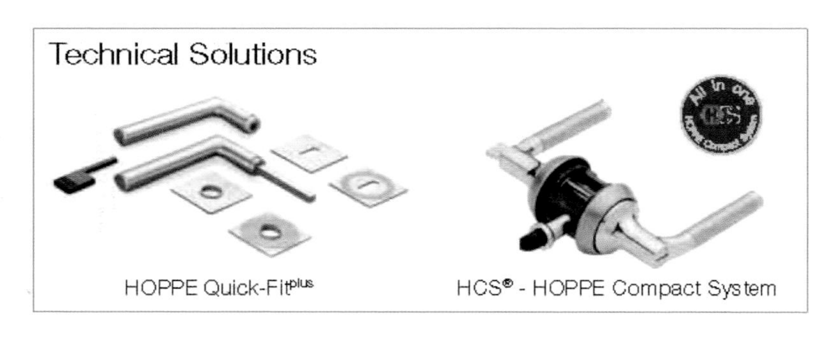

HOPPE Quick-Fit^plus

HCS® - HOPPE Compact System

Design

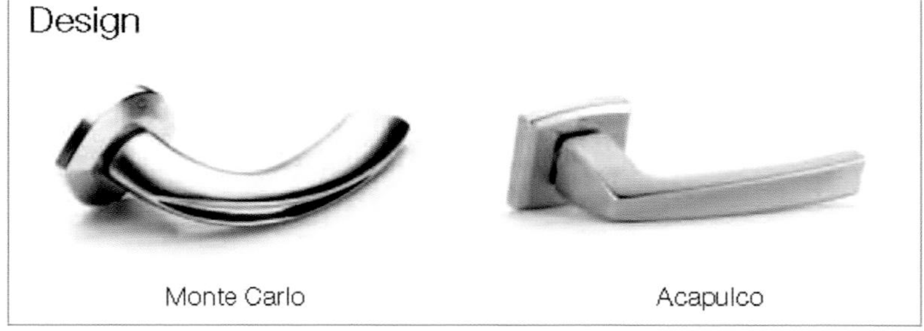

Monte Carlo

Acapulco

Production Facilities

Stadtallendorf plant, Germany

Schluderns plant, Italy

Laas plant, Italy

Crottendorf plant, Germany

Bromskirchen plant, Germany

St. Martin plant, Italy

Fort Atkinson plant, USA

Chomutov plant, Czech Republic